"十四五"职业教育国家规划教材

数控机床编程与操作

第 4 版

主　编　许玲萍　穆国岩

副主编　李绍春

参　编　李占锋　王　萍

机械工业出版社

本书是"十四五"职业教育国家规划教材。

本书以普及率较高的 FANUC 0i 数控系统为主线，兼顾华中数控系统，主要介绍了数控车床、数控铣床和加工中心的编程与操作，将理论知识与数控编程、数控仿真加工以及数控机床操作等有机地融为一体。

教材内容具有理论联系实际、注重实践教学、实用性强等鲜明的特点，重点突出、主次分明、循序渐进、图文并茂、实例丰富，对项目教学法进行了有益的探索。

本书可作为职业院校机电类专业的教材，也可用作企业数控加工技能培训教程，还可供相关专业的工程技术人员参考。

本书配有电子课件，凡使用本书作为教材的教师可登录机械工业出版社教育服务网（www.cmpedu.com）注册后免费下载。咨询电话：010-88379375。

图书在版编目（CIP）数据

数控机床编程与操作/许玲萍，穆国岩主编. —4 版. —北京：机械工业出版社，2023.11（2025.1 重印）

"十四五"职业教育国家规划教材：修订版

ISBN 978-7-111-74040-7

Ⅰ.①数… Ⅱ.①许… ②穆… Ⅲ.①数控机床-程序设计-高等职业教育-教材②数控机床-操作-高等职业教育-教材 Ⅳ.①TG659

中国国家版本馆 CIP 数据核字（2023）第 191372 号

机械工业出版社（北京市百万庄大街 22 号　邮政编码 100037）
策划编辑：王英杰　　责任编辑：王英杰　于奇慧
责任校对：宋　安　　责任印制：单爱军
北京联兴盛业印刷股份有限公司印刷
2025 年 1 月第 4 版第 5 次印刷
184mm×260mm · 14.75 印张 · 362 千字
标准书号：ISBN 978-7-111-74040-7
定价：48.00 元

电话服务　　　　　　　　　网络服务
客服电话：010-88361066　　机　工　官　网：www.cmpbook.com
　　　　　010-88379833　　机　工　官　博：weibo.com/cmp1952
　　　　　010-68326294　　金　书　网：www.golden-book.com
封底无防伪标均为盗版　机工教育服务网：www.cmpedu.com

关于"十四五"职业教育
国家规划教材的出版说明

为贯彻落实《中共中央关于认真学习宣传贯彻党的二十大精神的决定》《习近平新时代中国特色社会主义思想进课程教材指南》《职业院校教材管理办法》等文件精神，机械工业出版社与教材编写团队一道，认真执行思政内容进教材、进课堂、进头脑要求，尊重教育规律，遵循学科特点，对教材内容进行了更新，着力落实以下要求：

1.提升教材铸魂育人功能，培育、践行社会主义核心价值观，教育引导学生树立共产主义远大理想和中国特色社会主义共同理想，坚定"四个自信"，厚植爱国主义情怀，把爱国情、强国志、报国行自觉融入建设社会主义现代化强国、实现中华民族伟大复兴的奋斗之中。同时，弘扬中华优秀传统文化，深入开展宪法法治教育。

2.注重科学思维方法训练和科学伦理教育，培养学生探索未知、追求真理、勇攀科学高峰的责任感和使命感；强化学生工程伦理教育，培养学生精益求精的大国工匠精神，激发学生科技报国的家国情怀和使命担当。加快构建中国特色哲学社会科学学科体系、学术体系、话语体系。帮助学生了解相关专业和行业领域的国家战略、法律法规和相关政策，引导学生深入社会实践、关注现实问题，培育学生经世济民、诚信服务、德法兼修的职业素养。

3.教育引导学生深刻理解并自觉实践各行业的职业精神、职业规范，增强职业责任感，培养遵纪守法、爱岗敬业、无私奉献、诚实守信、公道办事、开拓创新的职业品格和行为习惯。

在此基础上，及时更新教材知识内容，体现产业发展的新技术、新工艺、新规范、新标准。加强教材数字化建设，丰富配套资源，形成可听、可视、可练、可互动的融媒体教材。

教材建设需要各方的共同努力，也欢迎相关教材使用院校的师生及时反馈意见和建议，我们将认真组织力量进行研究，在后续重印及再版时吸纳改进，不断推动高质量教材出版。

机械工业出版社

前　言

数控技术是综合应用计算机、自动控制、自动检测及精密机械等高新技术的产物。数控技术和数控装备是制造工业现代化的重要基础，关系到一个国家的战略地位。深入推进新型工业化，推动制造业高端化、智能化、绿色化发展，是实现制造强国、质量强国的必由之路。高速、高精、智能化、开放式、网络化成为数控技术及其装备发展的趋势。

随着我国装备制造产业的发展，熟练掌握现代数控机床编程、操作及维护技术的高技能人才备受企业青睐。为此，编写理论联系实际、系统性强、有实用价值的教材就显得尤为迫切。本书即是编者在充分进行企业调研的基础上，结合教学常用的数控设备，兼顾社会上普及率较高的数控系统，总结多年的教学经验编写而成的。

本书是精品课程"数控编程与操作"的组成部分之一，全书依据"以应用为目的，以必需、够用为度"的原则，力求从实际应用的需要出发，尽量减少枯燥的理论概念，将理论知识与数控编程、数控仿真加工以及数控机床操作等知识有机地融为一体。

书中选取的数控系统，以企业应用多、普及率较高的 FANUC 0i 数控系统为主，兼顾了职业院校使用较多的华中数控系统。本书详细介绍了数控车床、数控铣床及加工中心的编程与操作，尽量删减各模块间相互重复的内容，重点突出、主次分明、深入浅出，并为典型指令安排了富有针对性的实例。本书自出版后，受到教师和学生的普遍欢迎，前三版的销量很好，共重印 19 次。

随着职业教育的不断发展，特别是根据《国家职业教育改革实施方案》中"三教"改革重要内容之一的教材改革要求，结合数控车铣 1+X 证书试点的考核需要，对本书进行了修订，在内容上做了及时的补充更新。本次修订中，编者坚决贯彻党的二十大精神，落实立德树人根本任务，以学生的全面发展为培养目标，融"知识学习、技能提升、素质培育"于一体，强化完善了个别薄弱章节，增加了编程指令的二维码动画，替换了部分例题，使之更有代表性，围绕数控技能大赛，充实了具有实战性的习题，补充了实践性、可操作性强的数控加工实训指导手册，实现岗、课、赛、证融通，努力打造精品教材，服务教学。本次修订有以下特点：

1. 紧密对接国家对产业结构优化升级的需求，深入实施科教兴国战略、人才强国战略、创新驱动发展战略，开辟发展新领域新赛道，不断塑造发展新动能新优势，培养与行业企业需要相匹配的实用性、复合型、创新型人才，服务地方经济。教材编写和修订过程中得到烟台海德智能装备有限公司，烟台环球机床装备股份有限公司等企业的大力支持，开创性地编写了锥螺纹、螺旋铣孔等企业生产中实用的内容，其中综合加工教学案例以及主要实训项目，都是与企业的能工巧匠共同确定的。

2. 贯彻党的二十大报告中的"实施科教兴国战略，强化现代化建设人才支撑"的精神，秉承"以赛促教、以赛促改、赛教融合、赛训融合"理念，积极推进优化职教定位，突出工艺编制、实操技能水平的培养目标，将爱国创新、安全规范、绿色制造、工匠精神等思政元素在实训指导手册中强化，进而融入教材，以期培养更多德才兼备的高素质技能型人才。

3. 践行推进教育数字化理念，不断优化、更新教材数字化资源，与课程配套的数字化教学资源不仅有理实一体直观形象的教学课件，精品课、精品资源共享课、在线开放课程资源，还提供了教材全部指令代码和例题的二维码视频，以及习题答案和仿真加工结果。

4. 基于党的二十大报告中"深入实施人才强国战略"这一部分中有关"坚持尊重劳动、尊重知识、尊重人才、尊重创造"的要求，注重学生创新意识和创新能力的培养，充分发挥数控编程课程兼备灵活性和趣味性的特点，打破思维定式，鼓励学生大胆探索，创新设计零件，并在数控机床上加工出来，以增强学生的自信心和创造力，推动科学技术实现创新发展。

作为数控技术专业教材，本书对提高数控编程与操作的专业技能大有裨益，能够满足自学或课堂教学的需求。本书读者对象为高等职业院校数控技术、机械制造及自动化、模具设计与制造、机电一体化技术等专业的学生。此外，本书也可供相关专业的工程技术人员参考。

本书是所有编写人员通力合作的成果，是集体智慧的结晶。烟台职业学院许玲萍和穆国岩两位教授担任本书主编，山东工商学院张远山高级工程师任主审。本书共五章，第一、二章主要由穆国岩编写，第三章主要由许玲萍编写，第四章由李绍春编写，第五章由李占锋编写，第二、三章的仿真系统内容由王萍编写。来自企业的数控大赛金牌指导、烟台职业学院特聘兼职教师周彩霞高级工程师，凭借三十多年工艺设计和机械加工的丰富经验，为本书的修订把关，使本书的专业水准得以全面提升。

主编就职的烟台职业学院是"国家示范性骨干高职院校""国家优质高等院校""国家'双高计划'立项建设单位"。多年专业建设的积淀为本书的编写、修订打下了坚实的基础。本书在编写过程中，得到了院系领导的大力支持，相关任课教师也提出了许多宝贵的意见，在此一并致谢。

由于编者水平有限，加之数控技术发展迅速，书中难免有不足之处，恳请读者批评指正。

为方便教学，本书配备电子课件、习题答案等教学资源。选用本书作教材的教师可登录机械工业出版社教育服务网（http://www.cmpedu.com），注册后免费下载。咨询电话：010-88379375。

编　者

目　录

第一章

概　　述

第一节　数控编程基础

数控加工，泛指在数控机床上加工工件的工艺过程。数控机床是用数字化信号对机床的运动及加工过程进行控制的机床。数控机床的运动和辅助动作均受控于数控系统发出的指令。而数控系统的指令是由程序员根据工件的材料、加工要求、机床的特性以及系统所规定的指令格式（数控语言或符号）编制的。所谓编程，就是把工件的工艺过程、工艺参数、运动要求用数字指令形式（数控语言）记录在介质上，并输入数控系统的过程。数控系统根据程序指令向伺服装置及其他功能部件发出运行或中断信息以控制机床的各种运动。当加工程序结束时，机床便会自动停止。任何一种数控机床，其数控系统中若没有输入程序指令，均不能工作。

一、数控加工的基本过程

机床的受控动作通常包括机床的起动、停止，主轴的起停、旋转方向和转速的变换，进给运动的方向、速度、方式，刀具的选择、更换、长度及半径的补偿，切削液的开启、关闭等。图 1-1 所示为数控机床加工过程框图。

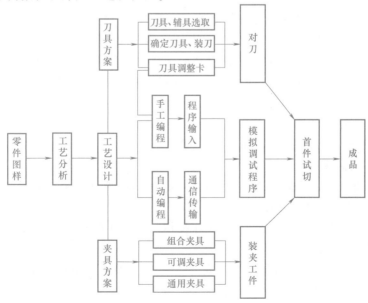

图 1-1　数控机床加工过程框图

从图 1-1 中可以看出，数控机床加工涉及的内容比较广，与相关的配套技术有密切的关系。合格的编程员首先应该是一个很好的工艺员，应能够熟练、准确地进行工艺分析和工艺设计，能够合理地选择切削用量，能够正确地选择刀具、辅具并提出工件的装夹方案，了解数控机床的性能和特点，熟悉程序编制方法和程序输入方式。

二、数控编程的内容

数控编程的主要内容如下：

1. 确定工艺过程

包括分析零件图样，确定加工方案，选择合适的机床、刀具及夹具，确定合理的进给路线及切削用量等。

2. 数学处理

包括建立工件的几何模型、计算加工过程中刀具相对工件的运动轨迹等。随着计算机技术的发展，比较复杂的刀具走刀轨迹的计算可以借助于计算机绘图软件（如 AutoCAD、CAXA）来完成。数学处理的最终目的是获得编程所需要的所有相关位置坐标数据。

3. 编写程序

按照数控系统规定的指令和程序格式编写工件的加工程序。常规加工程序由开始符、程序名、程序主体和程序结束指令组成。示例如下：

O1;
T0101;
M03 S500;
G00 G99 X20.0 Z3.0;
G01 X20.0 Z-15.0 F0.3;
G00 X99.0 Z99.0;
M30;

（1）程序名　程序名位于程序主体之前，一般独占一行，以英文字母 O 开头，后面紧跟 1~4 位数字，如上例中的 "O1"。华中数控系统也可用%作为开始符。

（2）程序段格式　程序段是程序的基本组成部分，每个程序段由若干个地址字构成，地址字由表示地址的英文字母、正负号、小数点和数字构成，如上例中的 "G01 X20.0 Z-15.0 F0.3"。

程序段的一般格式如下：

N＿ G＿ X＿ Y＿ Z＿ F＿ M＿ S＿ T＿;

各个功能字的意义如下：

N——程序段号，由地址码和数字表示，一般为 N1~N9999。程序段号一般不连续排列，以 5 和 10 间隔，以便插入程序段。

G——准备功能字。G 功能控制数控机床操作，用地址符 G 和两位数字来表示（G00~G99）。

X、Y、Z——尺寸字，由地址码、正负号（+、−）及绝对值或增量值构成，地址码有X、Y、Z、U、V、W、R、I、K 等。

F——进给功能字，表示刀具中心运动时的进给速度或进给量，由地址码 F 和数字构成，单位为 mm/min 或 mm/r。

　　S——主轴功能字，由地址码 S 和数字组成，单位为 r/min 或 m/min。

　　T——刀具功能字，表示刀具所处的位置，由地址码 T 和数字组成。

　　M——辅助功能字，表示机床的辅助动作指令，由地址码 M 和后面两位数字组成（M00～M99）。

　　（3）程序段号　程序段号用地址码 N 和后面的若干位数字表示，通常按升序书写程序段号。在大部分系统中，程序段号仅作为跳转或程序检索的目标位置指示。程序段在存储器内以输入的先后顺序排列，零件程序的加工是按程序段的输入顺序逐段执行的，执行的先后次序与程序段号无关。因此，程序段号可任意编写，其大小及次序可以颠倒，也可省略。当程序段号省略时，该程序段将不能作为跳转或程序检索的目标程序段。

　　（4）程序段结束符　程序段结束符写在每段程序之后，表示程序段结束。FANUC 系统的程序段结束符为"；"（FANUC 0i 及更高的版本已不再强调程序段结束符）。华中系统的程序段没有结束符，输完一段程序后直接按<Enter>键即可。

　　（5）程序段注释　为了方便阅读、检查程序，应对数控程序进行适当的注释。显示在屏幕上的注释，只对操作者起到提示作用，对机床动作不产生影响。程序段后面出现的"；"或"（）"表示注释符，括号内或分号后的内容为注释文字，注释不得插在地址和数字之间，应放在程序段的最后。

　　（6）程序跳段　有的程序段前面加有"/"符号，该符号称为跳段符，该程序段称为可跳跃程序段。程序运行时，如果按下机床操作面板上的"跳段"键，使跳段功能生效，那么，前面加有跳段符的程序段将被跳过，不再执行；如果跳段功能无效，前面加有跳段符的程序段将正常执行，即与不加"/"符号的程序段相同。通过利用跳段功能，操作者可以较为灵活地对程序段和执行情况进行控制。

　　4. 制作程序介质并输入程序信息

　　加工程序可以存储在控制介质（如磁盘、U 盘）上，作为控制数控装置的输入信息。通常，若加工程序简单，可直接通过机床操作面板上的键盘输入；对于大型复杂的程序（如 CAD/CAM 系统生成的程序），往往需要利用外部计算机通过通信电缆进行 DNC 传递。

　　5. 程序校验和首件切削

　　编制的加工程序必须经过空运行、图形动态模拟或试切削等方法进行检验。一旦发现错误，应分析原因，及时修改程序或调整刀具补偿参数，直到加工出合格的工件。

三、数控编程方法

　　根据问题复杂程度不同，数控加工程序的编制有手工（人工）编程和自动编程之分。

　　1. 手工编程

　　手工编程是指零件图样分析、工艺处理、数值计算、编写程序和程序校验等均由人工完成。它要求编程人员不仅要熟悉数控指令及编程规则，还要具备数控加工工艺知识和数值计算能力。本书主要介绍手工编程的知识。

　　手工编程应遵循两大"短"原则：一是零件加工程序要尽可能短，即尽量使用简化指令编程，包括省略模态代码、省略不变的尺寸字以及用循环指令编程。程序越短，出错的概率就越小。二是零件加工路线要尽可能短，包括合理选择切削用量和进给路线，从而提高生产效率。

2. 自动编程

自动编程即计算机辅助编程，是指利用通用的计算机及专用的自动编程软件，以人机对话方式确定加工对象和加工条件，自动进行运算并生成指令的编程过程。自动编程可分为以语言（APT）为基础和以绘图（CAD/CAM）为基础的自动编程方法。典型的 CAD/CAM 软件有 UG NX、ESPRIT、Mastercam、CAXA 等。

自动编程适用于曲线轮廓、三维曲面等复杂型面的编程。由计算机替代人完成复杂的坐标计算和书写程序单的工作，可以解决手工编程无法完成的复杂零件编程难题，其优点是效率高、程序正确性好，缺点是必须具备自动编程系统或编程软件。

第二节　数控机床的坐标系统

在数控机床上加工工件，刀具与工件的相对运动是以数字的形式来体现的，因此必须建立相应的坐标系，才能明确刀具与工件的相对位置。为了保证数控机床正确运动，保持工作的一致性，简化程序的编制方法，并使所编程序具有互换性，ISO 标准和我国国家标准都规定了数控机床坐标轴及其运动方向，这给数控系统和机床的设计、使用及维修带来了极大的方便。

一、机床坐标系

为了确定机床的运动方向和移动距离，就要在机床上建立一个坐标系，该坐标系称为机床坐标系，也称标准坐标系。机床坐标系是确定工件位置和机床运动的基本坐标系，是机床固有的坐标系。

二、机床坐标轴及相互关系

标准规定直线进给坐标轴用 X、Y、Z 表示，称为基本坐标轴。X、Y、Z 轴的相互关系符合右手笛卡儿法则，如图 1-2 所示，右手的大拇指、食指和中指保持相互垂直，拇指的指向为 X 轴的正方向，食指指向为 Y 轴的正方向，中指指向为 Z 轴的正方向。

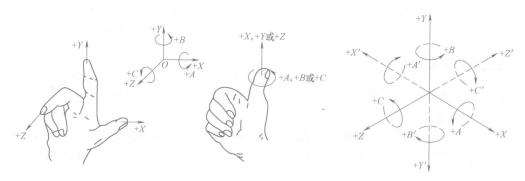

图 1-2　右手笛卡儿坐标系

围绕 X、Y、Z 轴旋转的圆周进给坐标轴分别用 A、B、C 表示，根据右手螺旋法则，分别以大拇指指向 $+X$、$+Y$、$+Z$ 方向，其余四指则分别指向 $+A$、$+B$、$+C$ 轴的旋转方向。

为便于编程和加工，如果还有平行于 X、Y、Z 坐标轴的坐标，有时还需设置附加坐标系，可以采用的附加坐标系有：第二组 U、V、W 坐标，第三组 P、Q、R 坐标。

三、机床坐标轴运动方向

为了便于编程，国际标准化组织对数控机床的坐标轴及其运动方向做了明确规定：不论数控机床的具体结构是工件静止、刀具运动，还是刀具静止、工件运动，都假定为工件不动，刀具相对于静止的工件做运动，且把刀具远离工件的方向作为坐标轴的正方向。

如果把刀具看作静止不动，工件相对于刀具移动，则在坐标轴的符号上加注"'"，如 X'、Y'、Z' 表示工件相对于刀具运动的坐标轴。按照相对运动的关系，工件运动的正方向恰好与刀具运动的正方向相反，即有

$$+X = -X',\quad +Y = -Y',\quad +Z = -Z'$$
$$+A = -A',\quad +B = -B',\quad +C = -C'$$

同样，两者运动的负方向也彼此相反。

机床坐标轴的方向取决于机床的类型和各组成部分的布局，机床坐标系 X 轴、Y 轴、Z 轴的判定方法如下：

1）先确定 Z 轴。通常把传递切削力的主轴定为 Z 轴。对于工件旋转的机床，如车床、磨床等，工件转动的轴为 Z 轴，如图 1-3a、b 所示；对于刀具旋转的机床，如镗床、铣床、钻床等，刀具转动的轴为 Z 轴，如图 1-3c、d 所示。Z 轴的正方向为刀具远离工件的方向。

2）再确定 X 轴。X 轴一般平行于工件装夹面且与 Z 轴垂直。对于工件旋转的机床，如

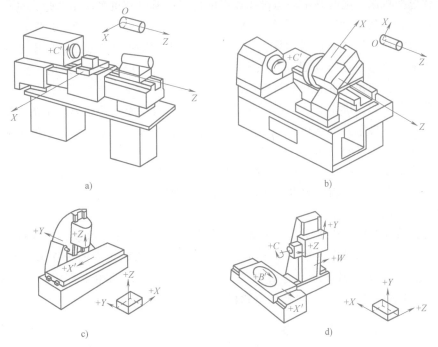

a)　　　　　　　　　　　　　　b)

c)　　　　　　　　　　　　　　d)

图 1-3　数控机床的坐标系

a）水平床身前置刀架式数控车床　b）倾斜床身后置刀架式数控车床
c）立式数控铣床　d）卧式数控铣床

车床、磨床等，X轴的方向在工件的径向上，且平行于横向滑座，刀具远离工件旋转中心的方向为X轴的正向（图1-3a、b）。对于刀具旋转的机床，如铣床、镗床、钻床等，若Z轴是垂直的，面对主轴向立柱看时，X轴正向指向右（图1-3c）；若Z轴是水平的，当从工件向主轴看时，X轴正向指向左（图1-3d）。

3）最后确定Y轴。在确定了X、Z轴正方向之后，可按右手笛卡儿法则确定Y轴及其正方向。

四、机床原点与机床参考点

1. 机床原点

机床原点又称为机械原点，是机床坐标系的原点。该点是机床上一个固定的点，其位置由机床设计和制造单位确定，通常不允许用户改变。

机床原点是工件坐标系、机床参考点的基准点，也是制造和调整机床的基础。大多数数控机床将机床原点设在机床直线运动的极限点附近，有些数控车床将机床原点设在卡盘前端面或后端面中心处。

2. 机床参考点

机床原点是通过机床参考点间接确定的。机床参考点也是机床上一个固定的点，它与机床原点之间有一个确定的相对位置，一般设置在刀具运动的X、Y、Z正向最大极限位置，其位置由机械挡块确定。机床参考点已由机床制造厂测定后输入数控系统，并且记录在机床说明书中，用户不得更改。

大多数数控机床上电时并不知道机床原点的位置，所以开机第一步总是先进行返回机床参考点（即所谓的机床回零）的操作，使刀具或工作台退到机床参考点，以建立机床坐标系。当完成回零操作后（原点指示灯亮），显示器即显示出机床参考点在机床坐标系中的坐标值，表明机床坐标系已自动建立。该坐标系一经建立，只要机床不断电，将永远保持不变。可以说回零操作是对基准的重新核定，可消除由于种种原因产生的基准偏差。

机床参考点是数控机床上一个特殊位置的点，它与机床原点的距离由系统参数设定。如果其值为零，表示机床参考点和机床原点重合；否则，机床开机回零后显示的机床坐标系的值即是系统参数中设定的机床参考点与机床原点的距离值。

机床上除了设定机床参考点外，根据需要还可用参数设定第2、3、4参考点。设立这些参考点的目的是建立一些固定的点，在这些点处，数控机床可以执行特殊动作，如加工中心常设定换刀参考点。

一般地，数控机床的机床原点和机床参考点重合，如装有华中系统的数控机床。也有些数控机床的机床原点和机床参考点不重合。数控车床的机床原点有的设在卡盘前（后）端面的中心；数控铣床的机床原点，各生产厂不一致，具体参照生产厂家《机床使用说明书》。机床参考点必定位于数控机床的行程范围内。

五、工件坐标系与工件原点

工件坐标系是由编程人员根据零件图样及加工工艺，以零件上某一固定点为原点建立的坐标系，又称为编程坐标系或工作坐标系。工件坐标系是用来确定工件几何形体上各要素的位置而设置的坐标系。工件原点的位置是根据工件的特点人为设定的，所以也称编程原点。

工件坐标系原点的选择要尽量满足编程简单、尺寸换算少、引起的加工误差小等条件。一般情况下，以坐标式尺寸标注的零件，选择设计基准点作为编程原点；对于对称零件或以同心圆为主的零件，编程原点应选在对称中心线或圆心上。

在数控车床上加工工件时，工件原点一般设在主轴中心线与工件右端面（或左端面）的交点处，如图 1-4a 所示。

在数控铣床上加工工件时，工件原点应选在零件的尺寸基准上。对于对称零件，工件原点应设在对称中心上；对于一般零件，工件原点设在进刀方向一侧工件外轮廓的某个角上，这样便于计算坐标值。Z 轴的编程原点通常设在工件的上表面，并尽量选在精度较高的工件表面上，如图 1-4b 所示。

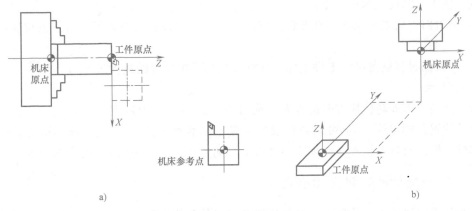

图 1-4　工件原点设置
a）数控车床　b）数控铣床

工件坐标系一般供编程使用，确定工件坐标系时不必考虑工件在机床上的实际装夹位置。工件坐标系一旦建立便一直有效，直到被新的工件坐标系所取代。FANUC 0i 数控铣系统可以提供 G54~G59 六个标准坐标系，以及 G54.1P1~P48 共 48 个附加工件坐标系，以满足用户同时加工多个相同或者不同类型工件的需求。

同一工件，由于工件原点变了，程序段中的坐标尺寸也随之改变，因此进行数控编程时，应该首先确定编程原点和工件坐标系。编程原点的确定是通过对刀来完成的，对刀的过程就是建立工件坐标系与机床坐标系之间关系的过程。

六、对刀

1. 刀位点

在数控加工中，工件坐标系确定后，还要确定刀位点在工件坐标系中的位置。所谓刀位点是指编制加工程序时用以表示刀具位置的特征点。例如，面铣刀、立铣刀和钻头的刀位点是其底面中心；球头铣刀的刀位点是球头球心；圆弧车刀的刀位点在圆弧圆心上；而尖头车刀和镗刀的刀位点是刀尖。数控加工程序控制刀具的运动轨迹，实际上是控制刀位点的运动轨迹。

2. 对刀

由于数控机床上装的每把刀的半径、长度尺寸或位置都不同，即各刀的刀位点都不重合，因此，刀具装在机床（刀架）上后，应在控制系统中设置刀具的基本位置，即需要对刀。所谓对刀是指通过刀具或者对刀工具确定工件坐标系与机床坐标系之间的空间位置关系，并将对刀数据输入到相应的存储界面。对刀操作是数控加工中的一项重要技能。

数控机床的装备不同，所采用的对刀方法也不同。如果数控机床自带对刀仪或配有机外对刀仪，那么对刀就比较简单，对刀精度也较高；否则，只能采用手动对刀，对刀过程相对复杂，效率也低。在数控车床上，常用的对刀方法为试切对刀。工件坐标系的确定，通常是通过对刀过程来实现的。对刀的目的是确定工件原点在机床坐标系中的位置。

对刀有以下作用：

1）通过对刀使刀具与机床、夹具和工件之间建立起联系，有效地保证了零件的机械加工精度，使工艺系统成为一个整体。

2）通过对刀设置相应的刀具偏置补偿值，解决了多刀加工中各刀的刀位点位置不同的问题。

3）对刀的过程就是确定工件坐标系在机床坐标系中位置的过程。

3. 换刀点

换刀点是指刀架转位换刀时的位置。换刀点可以是某一固定点（如加工中心，其换刀机械手的位置是固定的），也可以是任意的一点（如数控车床）。为防止换刀时碰伤零件及其他部件，换刀点常常设置在被加工零件或夹具的轮廓之外，并留有一定的安全量。

七、绝对坐标和相对坐标编程

数控加工程序中表示几何点的坐标位置有绝对值和增量值两种方式。绝对坐标是指点的坐标值是相对于工件原点计量的。相对坐标又称为增量坐标，是指运动终点的坐标值是以前一点的坐标为起点来计量的。

编程时要根据零件的加工精度要求及编程方便与否选用坐标类型。在数控程序中，绝对坐标与增量坐标可单独使用，也可在不同程序段上交叉设置使用，有的系统还可以在同一程序段中混合使用。使用原则主要是看哪种方式编程更方便。图1-5所示各运动点的绝对坐标和相对坐标见表1-1。

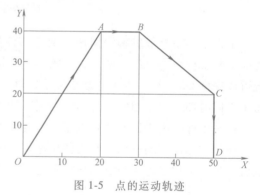

图1-5　点的运动轨迹

表1-1　绝对坐标与相对坐标

运动轨迹	绝对坐标		相对坐标	
	X	Y	X	Y
O	0	0	0	0
A	20	40	20	40
B	30	40	10	0
C	50	20	20	−20
D	50	0	0	−20

注意：有些数控系统没有绝对值和增量值指令。大多数数控车床编程通过改变尺寸字表示坐标值是采用绝对值还是增量值。当采用绝对值方式编程时，尺寸字用 X、Z 表示；采用增量值方式编程时，相应的尺寸字改用 U、W 表示。数控铣床通常用 G90 指令表示绝对值方式编程；用 G91 指令表示增量值方式编程。

由于零件图样径向的设计尺寸和测量尺寸都以直径值表示，因此，数控车床上 X 轴向的坐标值不论是绝对值还是增量值，一般都用直径值表示，称为直径编程，这样会给编程带来方便。此时，刀具的实际移动距离是直径值的一半。用增量值编程时，以径向实际位移量的二倍值表示，并带上方向符号。

习　题　一

1-1　简述数控机床加工（从分析零件图到加工出零件）的整个过程。

1-2　数控编程包括哪些内容？

1-3　数控机床的坐标系是如何规定的？

1-4　如何确定机床坐标轴的方向？

1-5　什么是机床坐标系和工件坐标系？说明二者的区别与联系。

1-6　什么是机床原点和机床参考点？二者有什么联系？

1-7　绝对坐标编程及增量坐标编程有何区别？试举例说明。

1-8　数控机床对刀操作的目的是什么？

第二章

数控车床编程与操作

第一节 数控车削加工工艺

一、数控车削的主要加工对象

数控车床是目前使用最广泛的数控机床之一。数控车床主要用于加工轴类、盘类等回转体零件。通过执行数控程序，数控车床可以自动完成内（外）圆柱面、任意角度的内（外）圆锥面、成形表面和圆柱（圆锥）螺纹以及端面等的切削加工，并能进行切槽、钻孔、扩孔、铰孔及镗孔等切削加工。由于数控车床具有加工精度高、可实现直线和圆弧插补以及在加工过程中可自动变速的特点，因此数控车削加工的工艺范围较普通车床宽得多。数控车削中心和数控车铣中心可在一次装夹中完成更多的加工工序，提高了加工精度和生产率。

与常规加工相比，数控车削的加工对象具有如下特点：

1. 精度要求高的回转体零件

由于数控车床具有刚性好、制造精度和对刀精度高、可方便精确地进行人工补偿和自动补偿的特点，所以能加工尺寸精度要求较高的零件，在有些场合可以以车代磨。此外，数控车削的刀具运动是通过高精度插补运算和伺服驱动来实现的，所以它能加工直线度、圆度、圆柱度等形状精度要求高的零件。数控车削的工序集中，减少了工件的装夹次数，还有利于提高零件的位置精度。图 2-1 所示的轴承内圈，原来采用三台液压半自动车床和一台液压仿形车床加工，需多次装夹，因而造成较大的壁厚差，达不到图样要求，后改用数控车床加工，一次装夹即完成滚道和内孔的车削，壁厚差大为减少，且加工质量稳定。

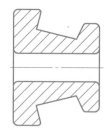

图 2-1 轴承内圈

2. 表面质量要求高的回转体零件

数控车床具有恒线速度切削功能，能加工出表面粗糙度 Ra 值小而均匀的零件。在材质、精车余量和刀具已确定的情况下，表面粗糙度取决于进给量和切削速度。使用数控车床的恒线速度切削功能，可选最佳线速度来切削锥面和端面，使车削后的表面粗糙度 Ra 值既小又一致。数控车削还适合于各部位表面粗糙度要求不同的零件，表面粗糙度 Ra 值要求大的部位选用大的进给量，要求小的部位选用小的进给量。

3. 表面形状复杂的回转体零件

由于数控车床具有直线和圆弧插补功能，所以可以车削任意直线和曲线组成的形状复杂的回转体零件。图 2-2 所示的壳体零件内腔的成形面，在普通车床上是无法加工的，而在数控车床上则很容易加工出来。

4. 带特殊螺纹的回转体零件

普通车床所能车削的螺纹相当有限，它只能车削等导程的圆柱（锥面）米（寸）制螺纹，而且一台车床只能限定加工若干种导程的螺纹。但数控车床能车削增导程、减导程以及要求等导程和变导程之间平滑过渡的螺纹。数控车床车削螺纹时，主轴转向不必像普通车床那样交替变换，可以一刀接一刀地循环切削，直到完成，所以车削螺纹的效

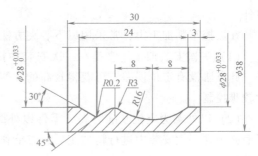

图 2-2　成形内腔零件

率很高。数控车床可配备精密螺纹切削功能，再加上采用硬质合金成形刀片、使用较高的转速，所以车削的螺纹精度高、表面粗糙度 Ra 值小。

二、工件在数控车床上的装夹

在数控车床上加工零件，应按工序集中的原则划分工序，在一次装夹下尽可能完成大部分甚至全部表面的加工。根据零件的结构形状不同，通常选择外圆装夹，并力求使设计基准、工艺基准和编程基准统一。

为了充分发挥数控机床高速度、高精度、高效率的特点，在数控加工中，还应该与数控加工相适应的夹具配合。数控车床夹具可分为用于轴类零件的夹具和用于盘类零件的夹具两大类。

1. 轴类零件的装夹

轴类零件常以外圆柱表面作为定位基准来装夹。

（1）用自定心卡盘装夹　自定心卡盘能自动定心，工件装夹后一般不需要找正，装夹效率高，但夹紧力较单动卡盘小，只限于装夹圆柱形、正三边形、正六边形等形状规则的零件。如果工件伸出卡盘较长，仍需找正。

（2）用单动卡盘装夹　由于单动卡盘的四个卡爪是各自独立运动的，因此必须通过找正使工件的回转中心与车床主轴的回转中心重合，才能车削。单动卡盘的夹紧力较大，适合于装夹形状不规则及直径较大的工件。

（3）在两顶尖间装夹　对于长度较长或必须经过多次装夹加工的轴类零件，或工序较多，车削后还要铣削和磨削的轴类零件，应采用两顶尖装夹，以保证每次装夹时的装夹精度。

（4）用一夹一顶装夹　由于两顶尖装夹刚性较差，因此在车削一般轴类零件，尤其是较重的零件时，常采用一夹一顶装夹。为了防止工件的轴向位移，须在卡盘内装一个限位支承，或利用工件的台阶来限位。由于一夹一顶装夹工件的安装刚性好，轴向定位正确，且比较安全，能承受较大的轴向切削力，因此应用很广泛。

除此以外，根据零件的结构特征，轴类零件还可以采用自动夹紧拨动卡盘、自定心中心

架和复合卡盘装夹。

2. 盘类零件的装夹

用于盘类零件的夹具主要有可调卡爪式卡盘和快速可调卡盘两种。快速可调卡盘的结构刚性好，工作可靠，因而广泛用于装夹法兰等盘类及杯形零件，也可用于装夹不太长的柱类零件。

在数控车削加工中，常采用以下装夹方法来保证零件的同轴度、垂直度要求。

（1）一次安装加工　它是在一次安装中把零件全部或大部分尺寸加工完的一种装夹方法。此方法没有定位误差，可获得较高的几何精度，但需经常转换刀架，变换切削用量，尺寸较难控制。

（2）以外圆为定位基准装夹　零件以外圆为基准保证位置精度时，零件的外圆和一个端面必须在一次安装中进行精加工后，方能作为定位基准。以外圆为基准时，常用软卡爪装夹工件。

（3）以内孔为定位基准装夹　中小型轴套、带轮、齿轮等零件，常以零件内孔作为定位基准安装在心轴上，以保证零件的同轴度和垂直度要求。常用的心轴有实体心轴和胀力心轴两种。

三、切削用量的选择

数控车削加工中的切削用量包括背吃刀量 a_p、切削速度 v_c（用于恒线速度切削）、进给速度 v_f 或进给量 f。这些参数均应在机床给定的允许范围内选取。

切削用量的选择原则是：粗车时，应尽量保证较高的金属切除率和必要的刀具寿命。首先选取尽可能大的背吃刀量 a_p，其次根据机床动力和刚性的限制条件，选取尽可能大的进给量 f，最后根据刀具寿命要求，确定合适的切削速度 v_c。增大背吃刀量 a_p 可使进给次数减少，增大进给量 f 有利于断屑。

精车时，要求加工精度较高，表面粗糙度值较小，加工余量小且较均匀，所以选择切削用量时应着重考虑如何保证加工质量，并在此基础上尽量提高生产率。因此，精加工时应选用较小（但不能太小）的背吃刀量和进给量，并选用性能高的刀具材料和合理的几何参数，以尽可能提高切削速度。

1. 背吃刀量的确定

粗加工时，除了留下精加工余量外，进给时尽可能选择较大的背吃刀量。在加工余量过大、工艺系统刚性较低、机床功率不足、刀具强度不够等情况下，可分多次进给。切削表面有硬皮的铸锻件时，应尽量使 a_p 大于硬皮层的厚度，以保护刀尖。

精加工的加工余量一般较小，可一次切除。

在中等功率机床上，粗加工的背吃刀量可达 8～10mm；半精加工的背吃刀量取 0.5～5mm；精加工的背吃刀量取 0.2～1.5mm。

2. 进给速度（进给量）的确定

进给速度是数控机床切削用量中的重要参数，主要根据零件的加工精度和表面粗糙度要求以及刀具、工件的材料性质选取。最大进给速度受机床刚度和进给系统的性能限制。

粗加工时，由于对工件的表面质量没有太高的要求，这时主要根据机床进给机构的强度和刚性、刀杆的强度和刚性、刀具材料、刀杆和工件尺寸以及已选定的背吃刀量等因素选取进给速度。

精加工时，则按表面粗糙度要求、刀具及工件材料等因素选取进给速度。

可使用下式实现进给速度与进给量的转化

$$v_{\mathrm{f}} = fn$$

式中　v_{f}——进给速度（mm/min）；

　　　　f——每转进给量，一般粗车取 0.3 ~ 0.8mm/r，精车取 0.1 ~ 0.3mm/r，切断取 0.05 ~ 0.2mm/r；

　　　　n——主轴转速（r/min）。

3. 切削速度的确定

切削速度 v_{c} 根据刀具材料及工件材料进行选取，也可根据生产实践经验和通过查表的方法来选取。

粗加工或工件材料的加工性能较差时，宜选用较低的切削速度。精加工或刀具材料、工件材料的加工性能较好时，宜选用较高的切削速度。

切削速度 v_{c} 确定后，可根据刀具或工件直径按下面的公式确定主轴转速

$$n = \frac{1000v_{\mathrm{c}}}{\pi d}$$

式中　v_{c}——切削速度（m/min）；

　　　　n——主轴转速（r/min）；

　　　　d——工件直径或刀具直径（mm）。

主轴转速应根据零件上被加工部位的直径，并按零件和刀具的材料及加工性质等条件所允许的切削速度来确定。切削速度除了通过计算和查表选取外，还可根据实践经验确定。需要注意的是，交流变频调速数控车床低速输出转矩小，因而切削速度不能太低。

实际生产中，切削用量一般根据经验并通过查表的方式进行选取。常用硬质合金或涂层硬质合金刀具车削不同材料时的切削用量推荐值见表 2-1 和表 2-2。

表 2-1　立方氮化硼（CBN）刀具车削材料的切削用量

车削方法	材料（淬硬钢）HRC	切削速度 v_{c} /（m/min）	进给量 f/（mm/r）	背吃刀量 a_{p}/mm
外圆车削	45 ~ 58	60 ~ 220	0.05 ~ 0.3	0.05 ~ 0.5
内圆车削		60 ~ 180	0.05 ~ 0.2	0.05 ~ 0.2
外圆车削	>58 ~ 65	50 ~ 190	0.05 ~ 0.25	0.05 ~ 0.4
内圆车削		50 ~ 150	0.05 ~ 0.2	0.05 ~ 0.2

表 2-2　涂层硬质合金刀具车削标准值

工件材料		切削速度 v_{c} /（m/min）	进给量 f/（mm/r）	背吃刀量 a_{p}/mm
材料组别	抗拉强度 R_{m}/MPa 或硬度 HBW			
低强度钢	≤800	40 ~ 80		
高强度钢	>800	30 ~ 60	0.1 ~ 0.5	0.5 ~ 4.0
不锈钢	≤800	30 ~ 60		

（续）

工件材料		切削速度 v_c /（m/min）	进给量 f/（mm/r）	背吃刀量 a_p/mm
材料组别	抗拉强度 R_m/MPa 或硬度 HBW			
铸铁/可锻铸铁	≤250HBW	20~35		
铝合金	≤350	120~180		
铜合金	≤500	100~125	0.1~0.5	0.5~4.0
热塑塑料	—	100~500		
热固塑料	—	80~400		

四、数控车削加工工艺的制订

制订工艺是数控车削加工的前期工艺准备工作。工艺制订得合理与否，对程序编制、机床的加工效率和零件的加工精度都有很大的影响。

1. 零件图工艺分析

（1）零件结构工艺性分析　零件的结构工艺性是指零件对加工方法的适应性，即所设计的零件结构应便于加工成形。在数控车床上加工零件时，应根据数控车削的特点，认真审视零件结构的合理性。

（2）轮廓几何要素分析　手工编程时，要计算每个基点坐标；自动编程时，要对构成零件轮廓的所有几何元素进行定义。因此在分析零件图时，要分析几何元素的给定条件是否充分。

（3）精度及技术要求分析　精度及技术要求分析的主要内容有：一是分析精度及各项技术要求是否齐全、是否合理；二是分析本工序的数控车削加工精度能否达到图样要求，若达不到，需采取其他措施（如磨削）弥补的话，则应给后续工序留有余量；三是找出图样上有位置精度要求的表面，这些表面应尽量在一次装夹下完成；四是对表面粗糙度值要求较小的表面，应采用恒线速度切削。

2. 工序划分的方法

在数控车床上加工零件，应按工序集中的原则划分工序，在一次装夹下尽可能完成大部分甚至全部表面的加工。批量生产中，常用下列方法划分工序：

（1）按零件加工表面划分工序　即以完成相同型面的那一部分工艺过程为一道工序。对于加工表面多而复杂的零件，可按其结构特点（如内形、外形、曲面和平面等）划分成多道工序。

将位置精度要求较高的表面在一次装夹下完成，以免多次定位夹紧产生的误差影响位置精度。

（2）按粗、精加工划分工序　即粗加工中完成的那部分工艺过程为一道工序，精加工中完成的那一部分工艺过程为一道工序。对毛坯余量较大和加工精度要求较高的零件，应将粗车和精车分开，划分成两道或更多的工序。将粗车安排在精度较低、功率较大的数控机床上进行，将精车安排在精度较高的数控机床上完成。

这种划分方法适用于加工后变形较大，需粗、精加工分开的零件，如毛坯为铸件、焊接件或锻件的零件。

（3）按所用的刀具种类划分工序　以同一把刀具完成的那一部分工艺过程为一道工序。这种方法适用于工件的待加工表面较多，机床连续工作时间较长，加工程序的编制和检查难度较大的情况。

（4）按安装次数划分工序　以一次安装完成的那一部分工艺过程为一道工序。这种方法适用于加工内容不多的工件，加工完成后就能达到待检状态。

3. 加工顺序的确定

为了达到质量优、效率高和成本低的目的，制订加工方案应遵循以下基本原则——先粗后精，先近后远，内外交叉，程序段最少，进给路线最短。

（1）先粗后精　是指按照粗车—半精车—精车的顺序，逐步提高加工精度。粗加工工序可在短时间内去除大部分加工余量；半精加工工序使精加工余量小而均匀；零件的成形表面应由最后一刀的精加工工序连续加工而成，尽量不要在其中安排切入和切出或换刀及停顿，以免因切削力突然变化而造成弹性变形，致使光滑连接轮廓上产生表面划伤、形状突变或滞留刀痕等瑕疵。

（2）先近后远　通常安排离对刀点近的部位先加工，离对刀点远的部位后加工，以便缩短刀具移动距离，减少空行程时间。对于车削而言，先近后远还有利于保持坯件或半成品的刚性，改善其切削条件。

（3）内外交叉　对既有内表面（内型腔）又有外表面需要加工的零件，安排加工顺序时，应先进行内外表面粗加工，后进行内外表面精加工。切不可将零件上一部分表面（外表面或内表面）加工完毕后，再加工其他表面（内表面或外表面）。

4. 刀具进给路线的确定

刀具的进给路线是指刀具从换刀点开始运动起，直至加工程序结束所经过的路径，包括切削加工的路径及刀具切入、切出等非切削空行程。零件加工通常沿刀具与工件接触点的切线方向切入和切出。设计好进给路线是编制合理的加工程序的条件之一。

确定数控加工进给路线的总原则是：在保证零件加工精度和表面质量的前提下，尽量缩短进给路线，以提高生产率；方便坐标值计算，减少编程工作量。对于多次重复的进给路线，应利用固定循环功能编程或编写子程序，以简化编程。

当今的数控系统几乎全部配备了固定循环功能，只要按照指令格式给出相应参数，用内、外圆车刀车削圆弧、圆锥及台阶面的进给路线便会由系统自动生成。

第二节　数控车削刀具及刀具参数处理

一、数控车床对刀具的要求

数控车床加工时能根据程序指令实现全自动换刀。为了缩短数控车床的准备时间，适应柔性加工的需求，数控车床对刀具提出了更高的要求，要求刀具不仅精度高、刚性好、寿命长，而且安装、调整、刃磨方便，断屑及排屑性能好。

在全功能数控车床上，可预先安装 8~12 把刀具，当工件改变后，一般不需要更换刀具就能完成工件的全部车削加工。为了满足要求，配备刀具时应注意以下几个问题：

1）在可能的范围内，使工件的形状、尺寸标准化，从而减少刀具的种类，实现不换刀或少换刀，以缩短准备和调整时间。

2）使刀具规格化和通用化，以减少刀具的种类，便于刀具管理。

3）尽可能采用可转位刀片，磨损后只需更换刀片，增加了刀具的互换性。

4）在设计或选择刀具时，应尽量采用高效率、断屑及排屑性能好的刀具。

二、数控车刀的类型与选择

1. 根据加工用途分类

数控车床使用的刀具可分为外圆车刀、内孔车刀、螺纹车刀、切槽刀等。图 2-3 所示为常用车刀的种类、形状和用途。

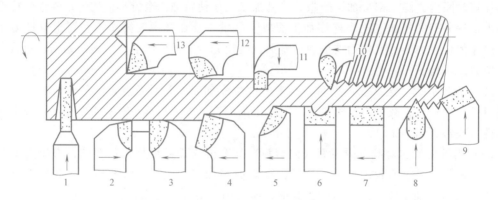

图 2-3 常用车刀的种类、形状和用途

1—切槽（断）刀 2—90°反（左）偏刀 3—90°正（右）偏刀 4—弯头车刀 5—直头车刀
6—成形车刀 7—宽刃精车刀 8—外螺纹车刀 9—端面车刀 10—内螺纹车刀
11—内切槽车刀 12—通孔车刀 13—不通孔车刀

2. 根据刀尖形状分类

数控车削常用的车刀按照刀尖的形状一般分为三类，即尖形车刀、圆弧形车刀和成形车刀，如图 2-4 所示。

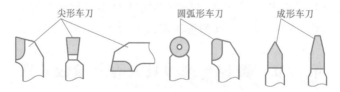

图 2-4 按刀尖形状分类的数控车刀

（1）尖形车刀 以直线形切削刃为特征的车刀一般称为尖形车刀。这类车刀的刀尖（同时也为其刀位点）由直线形的主、副切削刃构成，如 90°内外圆车刀、左右端面车刀、切断（车槽）车刀以及刀尖倒棱很小的各种外圆和内孔车刀。

（2）圆弧形车刀 圆弧形车刀的特征是：主切削刃的形状为一圆弧，该圆弧状切削刃每一点都是圆弧形车刀的刀尖，因此，刀位点不在圆弧上，而在该圆弧的圆心上。车刀圆弧半径理论上与被加工零件的形状无关，可根据需要灵活确定或经测定后确认，如图 2-5 所示。

圆弧形车刀可以用于车削内、外表面，特别适宜于车削各种光滑连接（凹形）的成形面。

（3）成形车刀 俗称样板车刀，其加工零件的轮廓形状完全由车刀切削刃的形状和尺寸决定。在数控车削加工中，常见的成形车刀有小半径圆弧车刀、非矩形切槽刀和螺纹车刀等。

在数控加工中，应尽量少用或不用成形车刀，当确实有必要选用时，则应在工艺准备文件或加工程序单上进行详细说明。

3. 根据车刀结构分类

数控车刀在结构上可分为整体式车刀、焊接式车刀和机械夹固式车刀三类，如图 2-6 所示。

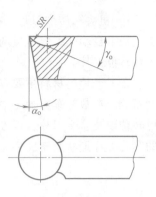

图 2-5 圆弧形车刀

（1）整体式车刀 主要是整体式高速钢车刀，通常用于小型车刀、螺纹车刀和形状复杂的成形车刀。它具有抗弯强度高、冲击韧性好、制造简单和刃磨方便、刃口锋利等优点。

（2）焊接式车刀 是将硬质合金刀片用焊接的方法固定在刀体上，经刃磨而成。

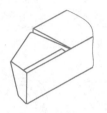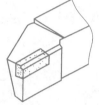

图 2-6 按刀具结构分类的数控车刀

这种车刀结构简单，制造方便，刚性较好，但抗弯强度低，冲击韧性差，切削刃不如高速钢车刀锋利，不易制作复杂刀具。

（3）机械夹固式车刀 是数控车床上用得比较多的一种车刀，它分为机械夹固式可重磨车刀和机械夹固式不重磨车刀。

机械夹固式可重磨车刀是将普通硬质合金刀片用机械夹固的方法安装在刀杆上，刀片用钝后可以修磨，修磨后，通过调节螺钉把刃口调整到适当位置，压紧后便可继续使用，如图 2-7 所示。

机械夹固式不重磨（可转位）车刀的刀片为多边形，有多条切削刃，当某条切削刃磨损钝化后，只需松开夹固元件，将刀片转一个位置便可继续使用，如图 2-8 所示。其最大的优点是车刀几何角度完全由刀片保证，切削性能稳定，刀杆和刀片已标准化，加工质量好。

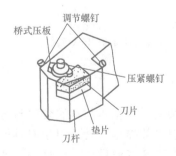

图 2-7 机械夹固式可重磨车刀

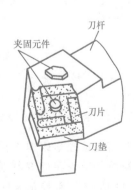

图 2-8 机械夹固式可转位车刀

1）机夹可转位刀片。在数控车床的加工过程中，为了减少换刀时间和方便对刀，便于实现加工自动化，应尽量选用机夹可转位刀片。目前，70%~80%的自动化加工刀具已使用了可转位刀片。

车刀刀片的材料主要有高速工具钢、硬质合金、涂层硬质合金、陶瓷、立方氮化硼和金刚石等。在数控车床加工中应用最多的是硬质合金刀片和涂层硬质合金刀片。一般使用机夹可转位硬质合金刀片，以方便对刀。机夹可转位刀片的具体形状已经标准化，常用的可转位的车刀刀片形状及角度如图2-9所示。

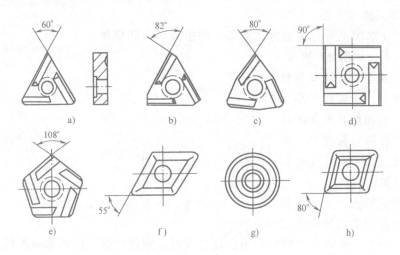

图2-9　常用可转位车刀刀片

a）T型　b）F型　c）W型　d）S型　e）P型　f）D型　g）R型　h）C型

2）刀片与刀杆的固定方式。刀片与刀杆的固定方式通常有压板式压紧、复合式压紧、螺钉式压紧和杠杆式压紧等几种，如图2-10所示。

图2-10a所示的压板式压紧与图2-10b所示的复合式压紧，夹紧可靠，能承受较大的切削力和冲击负载。图2-10c所示的螺钉式压紧和图2-10d所示的采用偏心轴销的杠杆式压紧，配件少，结构简单，切屑流动性能好，适合于轻载的加工。

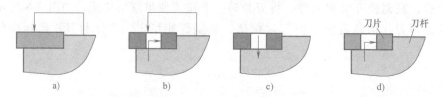

图2-10　刀片与刀杆的固定方式

a）压板式压紧　b）复合式压紧　c）螺钉式压紧　d）偏心轴销的杠杆式压紧

三、数控车床上刀具的安装

装刀与对刀是数控车床加工操作中非常重要和复杂的一项基本技能。装刀与对刀的精度，将直接影响加工程序的编制及零件的尺寸精度。现以数控车床转塔刀架刀具的安装为例，说明刀具的安装。数控车床使用的转塔设有8个刀位（有的设12个刀位），并在刀架的端面上刻有1~8的字样，如图2-11所示。

（1）外圆车刀的安装 将刀柄端面靠在刀架中心圆柱体上，刀具轴向定位靠侧面，径向定位靠刀柄端面。外圆车刀可以正向安装，如图 2-12a 所示，也可以反向安装，如图 2-12b 所示，车刀靠垫刀块 1 上的两个螺钉 2（图 2-12c）反向压紧。因此，刀具装拆以后仍能保持较高的定位精度。

（2）内孔刀具的安装 如图 2-13a 所示，麻花钻头可安装在内孔刀座 1 中，内孔刀座 1 用两个螺钉固定在刀架上。麻花钻头的侧面用两个螺钉 2 紧固，直径较小的麻花钻头可增加隔套 3，再用螺钉紧固。

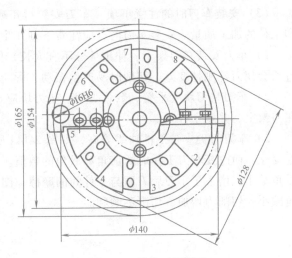

图 2-11 转塔刀架端面

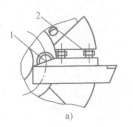 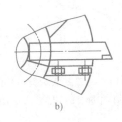 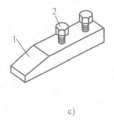

a) b) c)

图 2-12 刀具的定位和夹紧

a）正向夹紧 b）反向夹紧 c）垫刀块

1—垫刀块 2—螺钉

内孔车刀做成圆柄的，并在刀杆上加工出一个小平面，靠两个螺钉 2 通过小平面紧固在刀架上，如图 2-13b 所示。

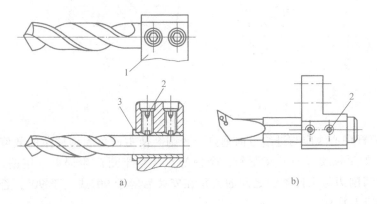

a) b)

图 2-13 内孔刀具安装

a）麻花钻的安装 b）内孔车刀的安装

1—刀座 2—螺钉 3—隔套

（3）安装车刀时的注意事项 车刀安装得正确与否，将直接影响切削能否顺利地进行和工件的加工质量。安装车刀时，应注意下列几个问题：

1）车刀安装在刀架上，伸出部分不宜太长，伸出量一般为刀杆高度的 1~1.5 倍。伸出过长会使刀杆刚性变差，切削时易产生振动，影响工件的表面粗糙度。

2）车刀垫刀块要平整，数量少用，垫刀块应与刀架对齐。车刀至少要用两个螺钉压紧在刀架上，并逐个拧紧。

3）车刀刀尖应与工件轴线等高，如图 2-14a 所示。否则会因基面和切削平面的位置发生变化，而改变车刀工作时的前角和后角的数值。图 2-14b 所示车刀刀尖高于工件轴线，使后角减小，增大了车刀后刀面与工件间的摩擦；图 2-14c 所示车刀刀尖低于工件轴线，使前角减小，切削力增加，切削不顺利。

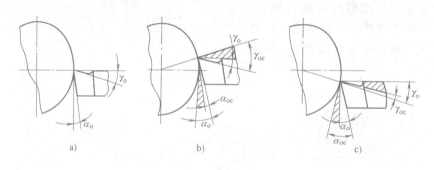

图 2-14 装刀高低对前后角的影响

a）正确 b）太高 c）太低

车端面时，车刀刀尖若高于或低于工件中心，车削后工件端面中心处会留有凸头，如图 2-15 所示。使用硬质合金车刀时，如果不注意这一点，车削到中心处会使刀尖崩碎。

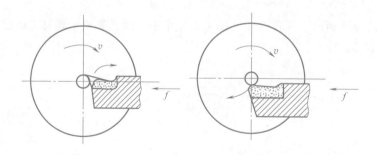

图 2-15 车刀刀尖不对准工件中心的后果

4）车刀刀杆中心线应与进给方向垂直，否则会使主偏角和副偏角的数值发生变化，如图 2-16 所示。如果螺纹车刀安装歪斜，会使螺纹牙型半角产生误差。用偏刀车削台阶时，必须使车刀主切削刃与工件轴线之间的夹角在安装后等于 90° 或大于 90°，否则，车出来的台阶与工件轴线不垂直。

5）切槽刀装夹是否正确，对槽的质量有直接影响。一般要求切槽刀刀尖与工件轴线等高，且刀头与工件轴线垂直。

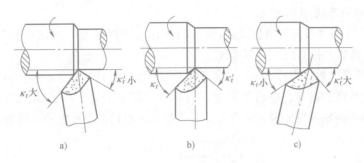

图 2-16　车刀装偏对主副偏角的影响

a）κ_r 增大　b）装夹正确　c）κ_r 减小

四、刀具功能 T 的设定

刀具功能包括刀具选择功能和刀具偏置补偿、刀尖圆弧半径补偿、刀具磨损补偿功能。刀具功能又称为 T 功能，由地址 T 和其后的四位数字组成，其中前两位数为刀具号，后两位数为刀补号，用于选择刀具和设定刀具补偿值。刀具号与刀架的刀位之间的对应关系由机床制造厂设定。刀补号和刀具补偿值的对应关系是在程序自动运行前，在指定界面将刀具补偿值输入数控系统后建立的。

1. 指令格式

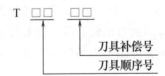

例如，指令"T0303"表示选取处在 3 号刀位上的刀具，同时调用 3 号刀具补偿值；"T0112"表示选取处在 1 号刀位上的刀具，同时调用 12 号刀具补偿值。

2. 说明

1）刀具补偿号是刀具偏置补偿寄存器的地址号，该寄存器存放刀具补偿值。

2）T 指令是非模态指令，但被调用的刀补号一直有效，直到再次使用 T 指令设定新的刀补号。

3）刀具号和刀补号不必相同，但为了方便通常使它们统一。

五、对刀及刀具偏置（形状）补偿设置

数控车削加工前，应对工艺系统做准备性的调整，其中完成对刀操作并输入刀具补偿值是关键环节。数控车削应首先确定零件的加工原点，以建立工件坐标系；同时，还要考虑刀具的不同尺寸对加工的影响，并输入相应的刀具补偿值。这些都需要通过对刀解决。

在执行加工程序前，应调整每把刀具用于编程的刀位点，使其尽量重合于某一理想基准点，该过程称为对刀。

对刀是数控加工中的主要操作和重要技能。对刀的准确性决定了零件的加工精度，同时，对刀效率还直接影响数控加工效率。对刀的实质是确定编程原点在机床坐标系中的位置。对刀的主要目的是建立准确的工件坐标系，设置刀具偏置值。

1. 常用的对刀方法

数控车床常用的对刀方法有图 2-17 所示的三种：试切对刀、机械检测对刀仪对刀（接触式）、光学检测对刀仪对刀（非接触式）。

（1）试切对刀 如图 2-17a 所示，试切对刀的操作过程是：在手动操作方式下，用刀具分别车削试切件的外圆和端面，将所测数值（有时需要简单运算）输入指定的界面下，数控系统自动运算，从而得到相应的偏置补偿值。具体操作内容视数控系统的不同而略有差异。

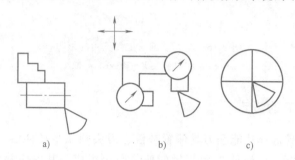

图 2-17 数控车床对刀方法

a）试切对刀 b）机械检测对刀仪对刀 c）光学检测对刀仪对刀

经济型数控车床常用试切对刀法，操作简单且对刀精度较高。试切对刀法的对刀精度主要取决于试切后直径和长度的测量精度。

（2）机械检测对刀仪对刀 如图 2-17b 所示，用机械检测对刀仪对刀，是使每把刀的刀尖与百分表测头接触，得到两个方向的刀偏值。若有的数控机床具有刀具探测功能，则通过刀具触及一个位置已知的固定触头，可测量刀偏值或直径、长度，并修正刀具补偿寄存器中的刀补值。

（3）光学检测对刀仪对刀（机外对刀） 如图 2-17c 所示，将刀具随同刀架座一起紧固在刀具台安装座上，摇动 X 向和 Z 向进给手柄，使移动部件载着投影放大镜沿着两个方向移动，直至刀尖或假想刀尖（圆弧刀）与放大镜中的十字线交点重合为止。这时通过 X 向和 Z 向的微型读数器，分别读出 X 向和 Z 向的长度值，就是该刀具的对刀长度。

机外对刀的实质是测量出刀具假想刀尖与刀具参考点之间在 X 向和 Z 向的长度。利用机外对刀仪可将刀具预先在机床外校对好，装上机床即可使用，大大节省辅助时间。

2. 刀具偏置补偿的意义

刀具补偿是补偿实际加工时所用的刀具与编程时使用的理想刀具或对刀时用的基准刀具之间的差值，从而保证加工出符合图样尺寸要求的零件。

数控车床加工工件时会用到多把刀具。编程时，设定刀架上各刀在工作位的刀尖位置是一致的。但由于刀具的几何形状及安装的不同，其刀尖位置实际是不一致的，各刀相对于工件原点的距离也是不同的。因此需要将各刀具的位置值进行比较或设定，称为刀具偏置补偿。刀具的偏置是指车刀刀尖实际位置与编程位置之间存在的误差。刀具偏置补偿可使加工程序不随刀尖位置的不同而改变。

开机完成回零操作后，显示器上显示机床参考点在机床坐标系中的坐标值为 X0 Z0（如 FANUC、广数、华中数控车床），尺寸偏置如图 2-18a 所示；在数控仿真系统中，开机完成回零操作后，机床坐标系显示 X600.0 Z1010.0，尺寸偏置如图 2-18b 所示。

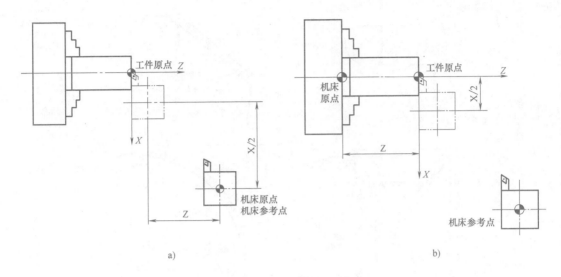

a)

b)

图 2-18　刀具偏置值的尺寸标注

a）回零后显示坐标值为 X0 Z0 的车床　b）回零后显示坐标值为 X600.0 Z1010.0 的车床

六、刀具磨损补偿

刀具使用一段时间后磨损，也会使产品尺寸产生误差，因此需要对其进行补偿。该补偿值与刀具偏置补偿值存放在同一个寄存器的地址号中。刀具磨损补偿功能由 T 代码指定，各刀的磨损补偿只对该刀有效（包括标准刀具）。

数控加工中，常常利用修改刀具偏置补偿和刀具磨损补偿的方法，来达到控制加工余量、提高加工精度的目的。

七、刀尖圆弧半径补偿

数控车床的编程和对刀操作是以理想尖锐的车刀刀尖点为基准进行的，如图 2-19a 所示。为了提高刀具寿命和减小加工表面的表面粗糙度值，实际加工中的车刀刀尖不是理想尖锐的，总是有一个半径不大的圆弧，如图 2-19b 所示；刀尖的磨损还会改变小圆弧的半径。刀尖圆弧半径补偿的目的就是解决刀尖圆弧可能引起的加工误差。

编程时按假想刀尖轨迹编程，即工件轮廓与假想刀尖重合，而车削时实际起作用的切削刃却是刀尖圆弧上的各切点，即数控车床用圆头车刀加工，这样在两轴同时运动时，会引起加工表面的形状误差。车内外圆柱、端面时并无误差产生，因为实际切削刃的轨迹与工件轮廓一致。车锥面、倒角或圆弧时，则会造成欠切削或过切削的现象，如图 2-20所示。

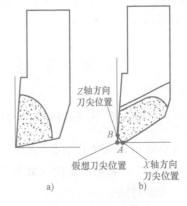

图 2-19　假想刀尖位置

a）尖刀　b）刀尖带圆弧半径

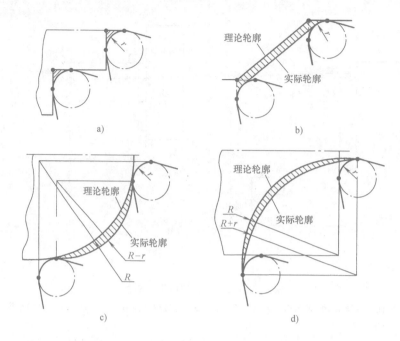

图 2-20　不加刀尖圆弧半径补偿的误差分析

a）车端面　b）车锥面　c）车外圆弧　d）车内圆弧

采用刀尖圆弧半径补偿功能，刀具运动轨迹指的不是刀尖的运动轨迹，而是刀尖上切削刃圆弧中心位置的运动轨迹。编程者以假想刀尖按工件轮廓线编程，数控系统自动计算刀心轨迹，完成刀尖轨迹的偏置，即执行刀具半径补偿后，刀具会自动偏离工件轮廓一个刀尖圆弧半径值，使切削刃与工件轮廓相切，从而消除了刀尖圆弧半径对工件形状的影响，加工出所要求的工件轮廓，如图 2-21 所示。

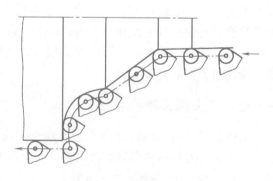

图 2-21　刀尖圆弧半径补偿

第三节　FANUC 0i 系统数控车床编程

一、FANUC 0i 系统指令代码简介

FANUC 0i 系统为目前我国数控机床上采用较多的数控系统，其常用功能代码分为准备功能（G 代码）和辅助功能（M 代码）。

1. 准备功能（G 代码）

准备功能 G 指令由地址字 G 后加一位或两位数字组成，用来规定刀具和工件的相对运动轨迹、机床坐标系、坐标平面、刀具补偿、坐标偏置等多种加工操作。

G 功能指令根据功能的不同分成模态代码和非模态代码。模态代码表示该功能一旦被执行，则一直有效，直到被同一组的其他 G 功能指令注销。非模态代码只在有该代码的程序段中有效。在表 2-3 中 00 组的 G 代码称非模态代码，其余组为模态代码。模态 G 代码组中包含一个默认 G 功能（表中带有▲记号的 G 功能），数控系统通电时将被初始化为该功能。

不同组没有共同地址符的 G 代码可以放在同一程序段中，而且与顺序无关。例如 G97、G41 可与 G01 放在同一程序段。

配有 FANUC 0i 系统的数控车床常用 G 功能指令见表 2-3。

表 2-3 配有 FANUC 0i 系统的数控车床常用 G 功能指令

G 指令	组 别	功 能	程序格式及说明
G00▲	01	快速点定位	G00 X __ Z __;
G01		直线插补	G01 X __ Z __ F __;
G02		顺时针方向圆弧插补	G02/G03 X __ Z __ R __ F __;
G03		逆时针方向圆弧插补	G02/G03 X __ Z __ I __ K __ F __;
G04	00	暂停	G04 X1.5;或 G04 P1500;
G17	16	选择 XY 平面	G17;
G18▲		选择 ZX 平面	G18;
G19		选择 YZ 平面	G19;
G20	06	英寸输入	G20;
G21▲		毫米输入	G21;
G27	00	返回参考点检测	G27 X __ Z __;
G28		返回参考点	G28 X __ Z __;
G30		返回第 2,3,4 参考点	G30 X __ Z __;
G32	01	螺纹切削	G32 X __ Z __ F __;（F 为导程）
G34		变螺距螺纹切削	G34 X __ Z __ F __ K __;
G40▲	07	刀尖圆弧半径补偿取消	G40;
G41		刀尖圆弧半径左补偿	G41 G01 X __ Z __;
G42		刀尖圆弧半径右补偿	G42 G01 X __ Z __;
G50	00	坐标系设定或最高限速	G50 X __ Z __; G50 S __;
G65	00	宏程序非模态调用	G65 P __ L __ <自变量指定>;
G66	12	宏程序模态调用	G66 P __ L __ <自变量指定>;
G67▲		宏程序模态调用取消	G67;
G70	00	精车循环	G70 P __ Q __;
G71		内、外圆粗车循环	G71 U __ R __; G71 P __ Q __ U __ W __ F __;
G72		平端面粗车循环	G72 W __ R __; G72 P __ Q __ U __ W __ F __;
G73		多重复合循环	G73 U __ W __ R __; G73 P __ Q __ U __ W __ F __;
G75		切槽(径向孔)复合循环	G75 R __; G75 X __ Z __ P __ Q __ R __ F __;

（续）

G 指令	组　别	功　　能	程序格式及说明
G76	00	螺纹复合循环	G76 P＿ Q＿ R＿； G76 X(U)＿ Z(W)＿ R＿ P＿ Q＿ F＿；
G90	01	内、外圆切削循环	G90 X＿ Z＿ F＿； G90 X＿ Z＿ R＿ F＿；
G92	01	螺纹切削循环	G92 X＿ Z＿ F＿； G92 X＿ Z＿ R＿ F＿；
G94	01	端面切削循环	G94 X＿ Z＿ F＿； G94 X＿ Z＿ R＿ F＿；
G96	02	恒线速度	G96 S200；（200m/min）
G97▲	02	每分钟转速	G97 S800；（800r/min）
G98▲	05	每分钟进给	G98 F100；（100mm/min）
G99	05	每转进给	G99 F0.1；（0.1mm/r）

注：带"▲"的 G 代码为开机默认代码。

2. 辅助功能（M 代码）

辅助功能由地址字 M 和其后的一位或两位数字组成，主要用于控制零件程序的走向，以及机床各种辅助功能的开关动作，如主轴的旋转方向、起动、停止，切削液的开关等功能。编程时每个程序段只能执行一个 M 代码。

配有 FANUC 0i 系统的数控车床常用 M 代码及功能见表 2-4。

表 2-4　配有 FANUC 0i 系统的数控车床常用 M 代码及功能

代　　码	功能说明	代　　码	功能说明
M00	程序暂停	M03	主轴正转起动
M01	选择暂停	M04	主轴反转起动
M02	程序结束	M05▲	主轴停止转动
M30	程序结束并返回程序起点	M06	换刀
M98	调用子程序	M07（M08）	切削液打开
M99	子程序结束并返回主程序	M09▲	切削液停止

注：带"▲"的 M 代码为开机默认代码。

（1）程序暂停指令 M00　指令格式：M00；

当数控系统执行 M00 指令时，将暂停执行当前程序，以方便操作者进行手工操作，如手工钻孔、攻螺纹等操作。暂停时机床的进给停止，但主轴还在旋转，而全部现存的模态信息保持不变，欲继续执行后续程序，重按操作面板上的"循环启动"键。

（2）选择暂停指令 M01　指令格式：M01；

当数控系统执行 M01 指令时，必须使操作面板"选择暂停"按钮有效；否则，不执行该功能。M01 指令通常用于随时停机，以进行某些操作，如中途测量工件尺寸、精度等操作。

（3）程序结束指令 M02　指令格式：M02；

M02 一般放在主程序的最后一个程序段中。当数控系统执行 M02 指令时，机床的主轴、进给、切削液全部停止运作，加工结束。执行 M02 指令使程序结束后，若要重新执行该程序，就得重新调用该程序。

（4）程序结束并返回到零件程序起点指令 M30　指令格式：M30；

M30 和 M02 功能基本相同，只是 M30 指令还兼有控制返回到零件程序起点的作用。执行 M30 指令使程序结束后，若要重新执行该程序，只需再次按操作面板上的"循环启动"键。

（5）子程序调用指令 M98 及从子程序返回指令 M99　M98 用来调用子程序；M99 表示子程序结束，执行 M99 控制程序流程返回到主程序。

（6）主轴控制指令 M03、M04、M05　指令格式：M03/M04 S ___；

例如，"M03 S1000；"表示主轴转速为每分钟 1000 转。

M03：主轴正转。

M04：主轴反转。

主轴正反转的判断方法是：沿着主轴输出端看过去，主轴顺时针旋转为正转，用 M03 指令；逆时针旋转为反转，用 M04 指令。

M05：主轴停止转动。

（7）换刀指令 M06　指令格式：M06 T ___；

例如，"M06 T12；"表示加工中心换 12 号刀。数控车床换刀指令通常如"T0101；"，其中 T 后面的前两位数字表示选择的刀具号，后两位数字表示刀具补偿号。

（8）切削液打开、关闭指令 M07、M09　指令格式：M07 或 M09；

M07：打开切削液管道。

M09：关闭切削液管道。

3. FANUC 0i 系统数控车床的编程特点

1）一般准备功能用 G50 完成机床参考点的确认（机床设有多个参考点时尤为有用）。

2）根据图样上标注的尺寸，在一个程序段中可采用绝对值编程、增量值编程或者混合编程。

3）数控车床的径向坐标值采用直径编程。

4）为了提高零件的径向尺寸精度，X 向的脉冲当量取 Z 向的一半。

5）车削加工常用棒料或锻件作为毛坯，加工余量大，因此为简化编程，数控系统一般都具有多次重复循环切削功能。

6）为提高零件的加工精度，当编制圆头刀车削程序时，需要对刀尖圆弧半径进行补偿。

二、基本指令

1. 快速定位指令 G00

（1）指令格式　G00 X（U）___ Z（W）___；

其中，X、Z 为刀具运动终点在工件坐标系中的绝对坐标；

U、W 为刀具运动终点相对于起点的增量坐标。

（2）应用　主要用于刀具快速接近或快速离开工件。

（3）说明

1）G00 指令中的快移速度，由机床参数"快移进给速度"对各轴分别设定，不能用 F 规定。但快速速度可由面板上的快速修调按钮修正。

2）G00 为模态功能，可由 G01、G02、G03 或 G32、G90 等同一组的 G 代码注销。

3）在执行 G00 指令时，由于各轴以各自速度移动，不能保证各轴同时到达终点，因而联动直线轴的合成轨迹不一定是直线。操作者必须格外小心，以免刀具与工件发生碰撞。常见的做法是，根据需要，执行 G00 指令先移动一个坐标轴，再移动另一个坐标轴。

4）车削时，快速定位的目标点不能选在零件上，一般要离开零件表面 2~5mm。

2. 直线插补指令 G01

（1）指令格式　　G01 X（U）__ Z（W）__ F __；

其中，X、Z 为刀具运动终点在工件坐标系中的绝对坐标；

U、W 为刀具运动终点相对于起点的增量坐标；

F 为合成进给速度，单位一般为 mm/min。受进给倍率的控制，实际进给速度等于 F 乘以进给倍率。

（2）与进给速度有关的指令 G98、G99　　G98 指令后的 F 为进给速度，单位是 mm/min；G99 指令后的 F 为每转进给量，单位为 mm/r。FANUC 0i 数控系统开机默认 G98 功能，但是，生产实践中一般都用每转进给量 G99 指定进给速度，其优点是可以根据加工情况直观地控制表面质量，即刀纹的疏密与主轴转速的变化无关。如果用 G98 指令指定进给速度，加工过程中改变主轴转速时，欲保持刀纹不变，需要及时修改 F 值，给操作者带来不便。

（3）应用　　用于完成端面、内孔、外圆、槽、倒角、圆锥面等表面的切削加工。

（4）说明

1）G01 指定刀具以坐标联动的方式，按 F 规定的合成进给速度，从当前位置沿直线移动到程序段指定的终点。

2）G01 是模态代码，可由同一组 G 代码注销。

【例 2-1】　如图 2-22 所示，用直线插补指令编写零件的精加工程序。

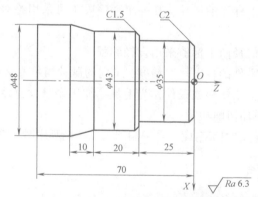

图 2-22　G01 编程实例

精加工程序如下：

O0001；

T0101；　　　　　　　　　换 1 号刀并调用 1 号刀补,建立工件坐标系

M03 S500；　　　　　　　　主轴正转,转速 500r/min

G00 G99 X60.0 Z99.0　　　目测检验工件坐标系

X27.0 Z2.0；　　　　　　　快速移到倒角延长线 Z 2.0 处

G01 X35.0 Z-2.0 F0.1；　　直线插补,车倒角 C2,进给量 0.1mm/r

Z-25.0；	加工 $\phi35.0$mm 外圆
X40.0；	车台阶面至倒角起点
X43.0 W-1.5；	车倒角 $C1.5$
Z-45.0；	加工 $\phi43.0$mm 外圆
X48.0 W-10.0；	加工锥面
Z-75.0；	加工 $\phi48.0$mm 外圆
G00 X99.0 Z99.0；	快速退刀至安全位置
M30；	程序结束并返回程序头

延伸思考：如果先平端面再车外圆，该如何修改程序？倒角 $C2$ 的编程方法还有哪些？

3. 圆弧进给指令 G02、G03

在数控车床上加工圆弧时，不仅要正确判断圆弧的顺逆方向，选择 G02、G03 指令，确定圆弧的终点坐标，而且还要正确指定圆弧中心的位置。常用指定圆弧中心位置的方式有两种，一种是用圆弧半径 R 指定圆心；另一种是用圆心相对圆弧起点的增量坐标（I，K）指定圆心位置，如图 2-23 所示。

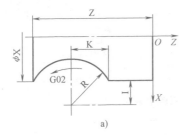 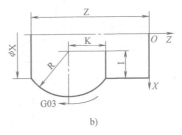

a)　　　　　　　　　　　　　　b)

图 2-23　指令格式示意图

a）G02 指令示意图　b）G03 指令示意图

（1）指令格式

1）格式一：用圆弧半径 R 指定圆心位置，即

G02 X(U) ＿ Z(W) ＿ R ＿ F ＿；

G03 X(U) ＿ Z(W) ＿ R ＿ F ＿；

2）格式二：用 I、K 指定圆心位置，即

G02 X（U）＿ Z（W）＿ I ＿ K ＿ F ＿；

G03 X（U）＿ Z（W）＿ I ＿ K ＿ F ＿；

其中，X、Z 为绝对方式编程时，圆弧终点在工件坐标系中的坐标；

U、W 为增量方式编程时，圆弧终点相对于圆弧起点的位移量；

I、K 是圆心相对于圆弧起点的增加量（等于圆心的坐标减去圆弧起点的坐标），不管用绝对方式还是增量方式编程，都是以增量方式指定，在直径、半径编程时 I 都是半径值；

R 为圆弧半径，当圆弧所对应的圆心角小于或等于 180°时，R 取正值，当圆弧所对应的圆心角大于 180°时，R 取负值；

F 为被编程的两个轴的合成进给速度。

（2）应用　用于完成凸弧或凹弧表面的切削加工。

（3）说明

1）G02 为顺时针圆弧插补指令，G03 为逆时针圆弧插补指令。圆弧顺逆方向的判断方法是：根据右手笛卡儿坐标系规定，沿圆弧所在平面（XOZ 平面）的垂直坐标轴的负方向（$-Y$）看去，顺时针方向用 G02，逆时针用 G03。

图 2-24a 所示为数控车床配置前置刀架，图 2-24b 所示为配置后置刀架，两者坐标轴$+X$ 的设置是镜像关系，不同配置的数控车床圆弧指令 G02、G03 方向的确定如图 2-24 所示。

总之，对于从右至左的走刀方式，外圆车刀加工圆弧时，凸弧用 G03，凹弧用 G02；加工内孔则相反。

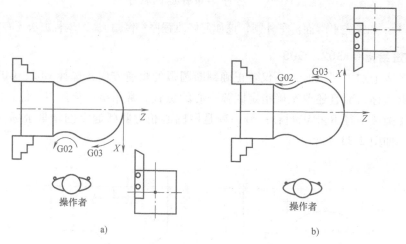

图 2-24 刀架位置与圆弧顺逆方向的关系
a）刀架前置 b）刀架后置

2）同时编入 R 与 I、K 时，R 有效。

【例 2-2】 如图 2-25 所示，用圆弧插补指令编写零件的精加工程序。

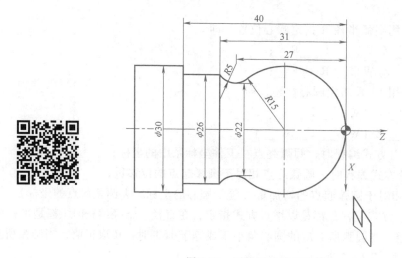

图 2-25 圆弧插补编程实例

O0002；

T0101；　　　　　　　　　　　换 1 号刀,并调用 1 号刀补

G00 G99 X50.0 Z50.0；	检验工件坐标系
M03 S600；	主轴正转,转速为 600r/min
X0 Z2.0；	快速接近零件
G01 Z0 F0.15；	工进切至圆弧起点,进给量为 0.15mm/r
G03 X24.0 Z-24.0 R15.0；	加工 $R15.0$mm 圆弧段
G02 X26.0 Z-31.0 R5.0；	加工 $R5.0$mm 圆弧段
G01 Z-40.0；	加工 $\phi26.0$mm 外圆
X35.0；	加工台阶面
G00 X50.0；	X 向退刀
Z50.0；	回安全位置
M30；	主轴停、主程序结束并复位

4. 暂停指令 G04

（1）指令格式　G04 X __ 或 G04 P __；

其中，地址符 X 后面可用小数点进行编程，如 X2.0 表示暂停 2s，而 X2 表示暂停 2ms；

地址符 P 后面不允许带小数点，单位为 ms，如 P2000 表示暂停 2s。

（2）说明

1）G04 为非模态指令，仅在其被规定的程序段中有效。

2）G04 可使刀具短暂停留，以获得圆整而光滑的表面。该指令除用于切槽、钻镗孔外，还可用于拐角轨迹控制。

三、刀尖圆弧半径补偿功能

由于车刀刀尖圆弧的存在，车锥面、倒角或圆弧时，会造成欠切削或过切削的现象（车内外圆柱、端面时并无影响），即造成零件的加工误差。因此，需要对刀尖圆弧半径进行补偿。

1. 刀尖圆弧半径补偿的方法

刀尖圆弧半径补偿的方法是通过键盘输入刀具参数，并在程序中采用刀具圆弧半径补偿指令。刀具参数主要包括刀尖圆弧半径、车刀形状、刀尖圆弧位置等，这些都与刀具和工件的相对位置有关，必须用参数输入刀具数据库。

刀具圆弧半径补偿量可以通过刀具补偿设置界面来设定，如图 2-26 所示，T 指令要与刀具补偿编号相对应，并且要输入假想刀尖位置序号。其中，假想刀尖位置序号共有 10（0~9）个，如图 2-27 所示。图中"·"表示刀具刀位点，即理想刀尖点；"+"表示刀尖圆弧圆心；代码 0 和 9 表示理想刀尖点取在圆弧圆心位置，可以理解为不进行刀尖圆弧半径补偿。

图 2-28 所示为几种数控车床常用刀具的刀位点。

图 2-26　刀具补偿设置界面

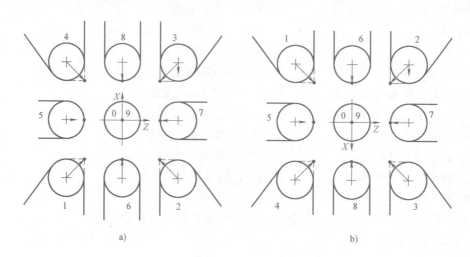

图 2-27　假想刀尖方位号

a）后置刀架　b）前置刀架

2. 刀尖圆弧半径补偿指令 G41、G42、G40

刀尖圆弧半径补偿是通过 G41、G42、G40 代码和 T 代码指定的刀尖圆弧半径补偿号，建立或取消半径补偿的。

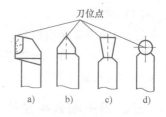

图 2-28　车刀的刀位点

a）外圆车刀　b）螺纹车刀

c）切槽刀　d）圆弧形车刀

（1）格式　$\begin{Bmatrix} G41 \\ G42 \end{Bmatrix} \begin{Bmatrix} G00 \\ G01 \end{Bmatrix}$ X（U）__ Z（W）__ F __；

　…

　　G40 $\begin{Bmatrix} G00 \\ G01 \end{Bmatrix}$ X（U）__ Z（W）__；

（2）说明

1）X、Z：G00/G01 的参数，即建立刀补或取消刀补的终点坐标值。

2）G41：刀具半径左补偿；G42：刀具半径右补偿。刀尖圆弧半径补偿偏置方向的判别方法是：迎着垂直于补偿平面的坐标轴（即 Y 轴）的正向、沿刀具的前进方向看，当刀具处在加工轮廓左侧时，称为刀尖圆弧半径左补偿，用 G41 表示；当刀具处在加工轮廓右侧时，称为刀尖圆弧半径右补偿，用 G42 表示，如图 2-29 所示。

3）G40：取消刀尖圆弧半径补偿。

在判别刀尖圆弧半径补偿偏置方向时，一定要迎着 Y 轴的正方向观察刀具所处的位置，因此要特别注意前置刀架和后置刀架刀尖圆弧半径补偿偏置方向的区别。对于前置刀架，为防止判别过程中出错，可在图样上将工件、刀具及 X 轴同时绕 Z 轴旋转 180°后再进行偏置方向的判别，此时 Y 轴朝外，刀尖圆弧半径补偿的偏置

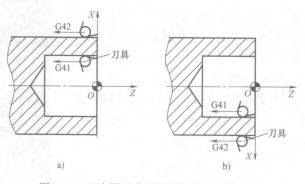

图 2-29　刀尖圆弧半径补偿偏置方向的判别

a）后置刀架，+Y 轴向外　b）前置刀架，+Y 轴向内

方向与后置刀架相同。

3. 注意事项

1）G40、G41、G42 都是模态代码，G41、G42 可通过 G40 注销。

2）G41/G42 不带参数，其补偿号（代表所用刀具对应的刀尖圆弧半径补偿值）由 T 代码指定。其刀尖圆弧半径补偿号与刀具偏置补偿号对应。

3）G41、G42 指令必须和 G00、G01 一起使用，且当切削完轮廓后即用指令 G40 取消补偿。使用刀尖圆弧半径补偿后，刀具路径必须是单向递增或单向递减。

4）工件有锥度、圆弧时，必须在精车的前一程序段建立刀尖圆弧半径补偿，鉴于数控系统的不同，建立取消刀补指令有的放在精车循环指令 G70 前后，有的放在 G71 后面的精车起始行和终止行。

5）必须在刀具补偿表中输入该刀具的刀尖圆弧半径值，作为刀尖圆弧半径补偿的依据。

6）必须在刀具补偿表中输入该刀具的刀尖方位号，作为刀尖圆弧半径补偿的依据。车刀刀尖的方位号定义了刀具刀位点与刀尖圆弧中心的位置关系。如果刀具的刀尖形状和切削时所处的位置（即刀尖方位号）不同，那么刀具的补偿量与补偿方向也不同。

延伸思考：试对【例 2-1】建立刀尖圆弧半径补偿。

四、内（外）圆加工循环指令

对于加工余量较大的毛坯，刀具常常反复执行相同的动作，需要编写很多相同或相似的程序段。为了简化程序，缩短编程时间，用一个或几个程序段指定刀具做反复切削动作，这就是循环指令的功能。在 FANUC 0i 系统中配备了很多固定循环功能，这些循环功能主要用在零件的内、外圆粗精加工，螺纹加工，内、外沟槽及端面槽的加工等。通过对这些固定循环指令的灵活运用，使编写的加工程序简洁明了，减少了编程过程中的出错概率。

1. 单一固定循环指令 G90、G94

（1）内、外圆切削循环指令 G90 G90 指令为外圆及内孔车削循环指令。如图 2-30 所示，加工一个轮廓表面需要四个动作：①快速进刀（相当于 G00 指令）。②切削进给（相当于 G01 指令）。③退刀（相当于 G01 指令）。④快速返回（相当于 G00 指令）。

采用 G90 指令，可用一个程序段完成上述①~④的加工操作。G90 循环的起点和终点为同一点。

1）指令格式。

圆柱面切削循环 G90 X（U）__ Z（W）__ F __；

圆锥面切削循环 G90 X（U）__ Z（W）__ R __ F __；

其中，X、Z 为循环切削终点（位于起始点对角）处的绝对坐标，U、W 为循环切削终点相对于循环起点的增量坐标，其正负号取决于轨迹 AB 和 BC 的方向；

F 为循环切削过程中的进给速度，该值为模态值，可沿用到后续程序中，也可沿用循环程序前已经指定的 F 值；

R 为圆锥面切削起点（图 2-31 中的 B 点）处的 X 坐标减去终点（图 2-31 中的 C 点）处 X 坐标值的 1/2，R 为非模态代码，R 值有正负之分。若外锥面起始端直径小于终端直径，R 取负值；若外锥面起始端直径大于终端直径，R 取正值。

2）运动轨迹及工艺说明。切削循环的执行过程如图 2-30 所示。刀具从程序起点 A 开始

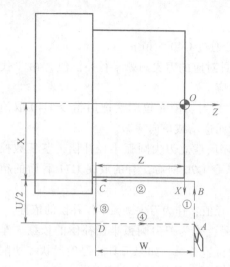

图 2-30 外圆切削循环的轨迹

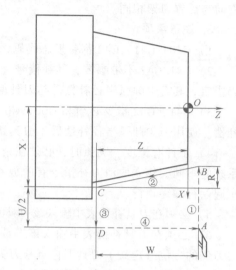

图 2-31 锥面切削循环的轨迹

以 G00 方式径向移动至指令中的 X 坐标处（图中 B 点），再以 G01 的方式沿轴向切削进给至终点坐标处（图中 C 点），然后退至循环开始的 X 坐标处（图中 D 点），最后以 G00 方式返回循环起始点 A 处，准备下一个动作。

该指令与简单的编程指令（如 G00、G01 等）相比，将 AB、BC、CD、DA 4 条直线指令组合成一条指令进行编程，从而达到了简化编程的目的。

对于数控车床的所有循环指令，要特别注意正确选择程序循环起始点的位置，因为该点既是程序循环的起点，又是程序循环的终点。对于该点，一般宜选择在离开工件或毛坯 1~2mm 的地方。

3）应用。G90 指令用于外圆柱面和圆锥面（图 2-30、图 2-31）或内孔面和内锥面（图 2-32、图 2-33）毛坯余量较大的零件粗车。

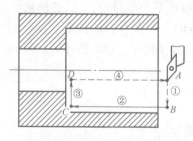

图 2-32 内圆切削循环

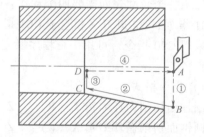

图 2-33 内锥面切削循环

4）编程实例。

【例 2-3】 试用内、外圆切削循环 G90 指令编写图 2-34 所示零件的加工程序，毛坯为 $\phi50mm$ 的棒料，只加工 $\phi30mm$ 外圆至要求尺寸。

编写程序如下：

O0003；

T0101；　　　　　　　　　　换 1 号刀并调用 1 号刀补

M03 S600;	主轴以 600r/min 旋转
G00 G99 X52.0 Z2.0;	固定循环起点
G90 X46.0 Z-29.8 F0.2;	调用固定循环加工圆柱表面,端面留 0.2mm 加工余量
X42.0;	固定循环模态调用,以下同
X38.0;	
X34.0;	
X30.5;	
X30.0 Z-30.0 F0.1;	精加工
G00 X100.0 Z100.0;	回安全位置
M30;	主轴停转,程序结束,并返回程序开头

【例 2-4】　试用内、外圆切削循环 G90 指令编写图 2-35 所示零件的加工程序,毛坯为 ϕ50mm 的棒料,只加工圆锥面至要求尺寸。

编写程序如下:

O0004;	
T0101;	
M03 S600;	
G00 G99 X60.0 Z3.0;	快进至固定循环起点
G90 X56.0 Z-29.9 R-5.5 F0.2;	调用固定循环加工圆锥表面,端面留 0.1mm 加工余量,平均分配背吃刀量
X52.0 R-5.5;	固定循环模态调用,以下同
X48.0 R-5.5;	
X44.0 R-5.5;	
X40.5 R-5.5;	
G42 G01 X52.0 Z3.0;	建立右刀补,移到精车循环起点
G90 X40.0 Z-30.0 R-5.5 F0.1;	精加工
G40 G00 X100.0 Z100.0;	取消刀具补偿
M30;	

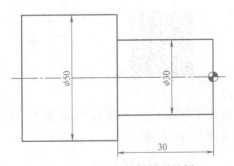

图 2-34　圆柱面切削循环示例

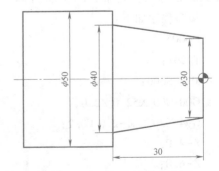

图 2-35　圆锥面切削循环示例

（2）端面切削循环指令 G94

1）指令格式。

平端面切削循环（图 2-36）　G94 X（U）__ Z（W）__ F__；

锥端面切削循环（图 2-37） G94 X（U）__ Z（W）__ R__ F__；

其中，X（U）、Z（W）、F 的含义同于 G90 指令中各字母含义；

R 表示锥端面切削起点（图 2-37 中的 *B* 点）处的 *Z* 坐标值减去其终点（图 2-37 中的 *C* 点）处的 *Z* 坐标值。R 为非模态代码，R 值有正负之分。

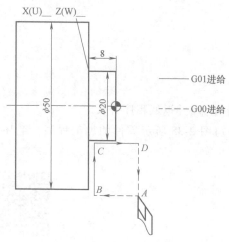

图 2-36 平端面切削循环

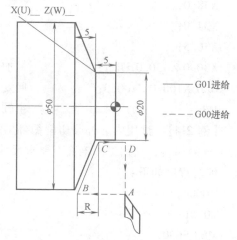

图 2-37 锥端面切削循环

2）运动轨迹及工艺说明。平端面切削循环的轨迹如图 2-36 所示，刀具从程序起点 *A* 开始以 G00 方式快速到达指令中的 *Z* 坐标处（图中 *B* 点），再以 G01 的方式切削进给至终点坐标处（图中 *C* 点），并退至循环起始的 *Z* 坐标处（图中 *D* 点），再以 G00 方式返回循环起始点 *A*，准备下一个动作。

执行该指令的工艺过程与 G90 工艺过程相似，不同之处在于切削进给速度及背吃刀量应略小，以减小切削过程中的刀具振动。

3）应用。G94 指令用于大切削余量端面的切削。

4）编程实例。

【例 2-5】 试用端面切削循环 G94 指令编写图 2-36 所示零件的加工程序，毛坯为 φ50mm 的棒料，只加工 φ20mm 外圆至要求尺寸。

编写程序如下：

O0005；

T0101；

M03 S600；

G00 G99 X52.0 Z2.0；　　　　　固定循环起点

G94 X20.2 Z-2.0 F0.2；　　　　调用固定循环加工平端面，外圆留 0.2mm 加工余量

Z-4.0；　　　　　　　　　　　　固定循环模态调用，以下同

Z-6.0；

Z-7.5；

X20.0 Z-8.0 F0.1；　　　　　　精加工

G00 X100.0 Z100.0；

M30；

【例 2-6】 试用端面切削循环 G94 指令编写图 2-37 所示零件的加工程序,毛坯为 $\phi50\text{mm}$ 的棒料,只加工锥面至要求尺寸。

编写程序如下:

O0006;

T0101;

M03 S600;

G00 G99 X53.2 Z8.0;   固定循环起点

G94 X20.2 Z5.0 R-5.5 F0.2;   调用固定循环加工锥端面,从锥面的延长线上
                            开始切削,重新计算出 R 值,且 R 为负值

Z3.0 R-5.5;

Z1.0 R-5.5;

Z-1.0 R-5.5;

Z-3.0 R-5.5;

Z-4.5 R-5.5;

G41 G01 X53.0 Z8.0;   建立左刀补,移到精车循环起点

G94 X20.0 Z-5.0 R-5.5 F0.1;   精加工

G40 G00 X99.0 Z99.0;

M30;

(3) 使用单一固定循环指令 G90、G94 时应注意的事项

1) 如何使用单一固定循环指令 G90、G94,应根据毛坯的形状和零件的加工轮廓进行适当的选择。

2) G90、G94 指令中除 R 外所有指令字均为模态,所以如果没有重新指定,则原来指定的数据有效。

3) 如果在单段运行方式下执行循环,按"进给保持"按钮可停止进给运动,否则完成一个固定循环才停止进给运动。

2. 内、外圆复合固定循环指令 G71、G72、G73、G70、G75

单一固定循环指令只能完成一次切削,实际加工中仍不能有效地简化程序,如粗加工时切削余量太大、切削表面形状复杂等,这种情况下可采用复合固定循环指令。

复合固定循环指令可将多次重复动作用一个程序段来表示,只要在程序中给出最终刀具运动轨迹及重复切削次数,系统便会自动重复切削,直到加工完成。

(1) 内、外圆粗车循环指令 G71

1) 指令格式:

G71 U (Δd) R (e);

G71 P (ns) Q (nf) U (Δu) W (Δw) F __;

其中,Δd 为 X 向背吃刀量(半径量指定),不带符号,且为模态值;

e 为退刀量(半径值),其值为模态值;

ns 为精车程序第一个程序段的段号;

nf 为精车程序最后一个程序段的段号;

Δu 为 X 方向精车余量的大小和方向,用直径量指定;

Δw 为 Z 方向精车余量的大小和方向；

F 为粗加工循环中的进给速度。

2）指令的运动轨迹。G71 粗车循环的运动轨迹如图 2-38 所示。刀具从循环起点（A 点）开始，快速退刀至 C 点，退刀量由 Δw 和 $\Delta u/2$ 值确定；再快速沿 X 向进刀 Δd（半径值）；然后按 G01 进给切至到位后，沿 45°方向快速退刀进行第二次切削；如该循环至粗车完成后，再进行平行于精加工表面的半精车。这时，刀具沿精加工表面分别留出 Δu 和 Δw 的加工余量。半精车完成后，快速退回循环起点，结束粗车循环所有动作。

3）说明：指令中的 F 值和 S 值是指粗加工循环中的 F 值和 S 值，该值一经指定，则在程序段段号"ns"和"nf"之间所有的 F 值和 S 值均无效。另外，该值也可以不加指定而沿用前面程序段中的 F 值，并可沿用至粗、精加工结束后的程序中去。

4）注意：

① 在 FANUC 0i 系统中，G71 粗加工循环轮廓外形尺寸必须是单调递增或单调递减的。若是凹形轮廓，不是分层切削而是在半精加工时一次性切削出来。

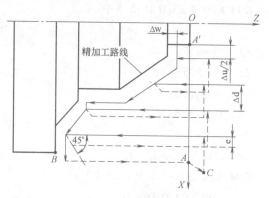

图 2-38　粗车循环轨迹图

② G71 复合循环中地址 P 指定的程序段必须为 G00/G01 指令，即从循环起点到切削起点的动作必须是直线或点定位运动，否则产生报警。

③ 在 FANUC 0i 系统 G71 循环中，顺序号"ns"程序段必须沿 X 向进刀，且不能出现 Z 轴的运动指令，否则会出现程序报警。例如：

N1 G00 X30.0；（正确的"ns"程序段）

N1 G00 X30.0 Z2.0；（错误的"ns"程序段，程序段中出现了 Z 轴的运动指令）

④ G71 指令必须带有 P、Q 地址，且与精加工路径起、止顺序号对应，否则不能进行该循环加工；同一程序内 P、Q 所指定的顺序号必须是唯一的，不可重复使用。

⑤ 在复合循环指令 G71 中，由 P、Q 指定顺序号的程序段之间不应包含 M98 子程序调用指令及 M99 子程序返回指令。

⑥ G71 指令中精加工余量有正负之分。例如 X 方向精车余量 Δu 的方向确定方法：加工外圆时取正，加工内孔时取负。精加工余量符号的确定如图 2-39 所示。

（2）精车循环指令 G70

1）指令格式：G70 P（ns）Q（nf）；

其中，ns 为精车程序第一个程序段的段号；

　　　 nf 为精车程序最后一个程序段的段号。

2）功能。用该精加工循环指令切除 G71、G72 或 G73 指令粗加工后留下的加工余量。

3）指令的运动轨迹及工艺说明。执行 G70 循环指令时，刀具沿工件的实际轨迹进行切削，如图 2-38 所示轨迹 $A'B$，循环结束后刀具返回循环起点。G70 指令用在 G71、G72、G73 指令的程序内容之后，不能单独使用。

精车之前，如需要换精车刀，则应注意换刀点的选择。要保证在换刀过程中，刀具与工

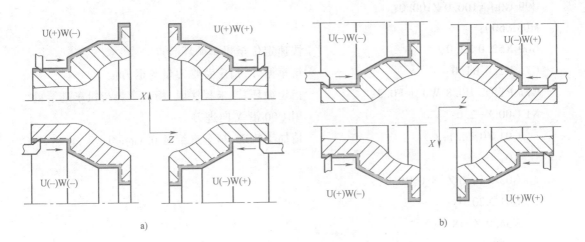

图 2-39 精加工余量 U(Δu) 和 W(Δw) 的符号

a) 后置刀架 b) 前置刀架

件、夹具、顶尖不发生干涉。

G70 执行过程中的 F 值和 S 值，由段号 "ns" 和 "nf" 之间给出的 F 值和 S 值指定。

精车余量的大小受机床、刀具、工件材料、加工方案等因素影响，故应根据前、后工步的表面质量、尺寸、位置及安装精度进行确定，其值不能过大也不宜过小。车削内、外圆时径向的加工余量采用经验估算法，一般取 0.3~0.5mm。

4）编程实例。

【例 2-7】 试用复合固定循环指令编写图 2-40 所示零件的粗、精加工程序，毛坯为 ϕ50mm 的棒料。

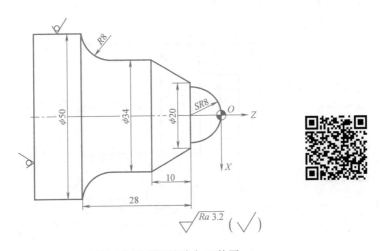

图 2-40 用复合固定循环指令加工外圆

编写程序如下：

O0007；

T0101；

```
G99 G00 X100.0 Z100.0;
M03 S600;
G00 X52.0 Z2.0;                         快速定位至粗车循环起点
G71 U2.0 R1.0;                          粗车循环,指定背吃刀量与退刀量
G71 P1 Q2 U0.8 W0.1 F0.3;               指定循环首、末程序段,精车余量与粗车进给量
N1 G00 X-2.0;                           用 G00 沿 X 向进刀
   G01 Z0 F0.1;                         精加工轨迹,精车进给量 0.1mm/r
   X0;
   G03 X16.0 Z-8.0 R8.0;
   G01 X20.0;
   X34.0 Z-18.0;
   Z-28.0;
N2 G02 X50.0 Z-36.0 R8.0;
   G00 X100.0 Z100.0;                   退刀至换刀安全点
T0202;                                  换 2 号精车刀
M03 S1000;                              精车转速 1000r/min
G99 G42 G00 X52.0 Z2.0;                 到精车循环起点,建立刀尖圆弧半径右补偿
G70 P1 Q2;                              精车循环
G40 G00 X100.0 Z100.0;                  快速退刀,取消刀尖圆弧半径补偿
M30;
```

【例2-8】　试用 G71 与 G70 指令编写图 2-41 所示零件内轮廓（毛坯孔直径为 $\phi18$mm）粗、精车的加工程序。

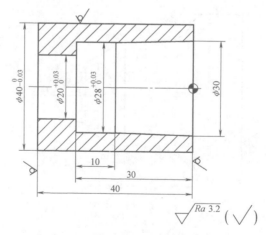

图 2-41　用复合固定循环指令加工内孔

编写程序如下：

```
O0008;
T0101;
```

M03 S600;

G99 G00 X18.0 Z2.0;　　　　　　　　快速定位至粗车循环起点

G71 U0.8 R0.3;　　　　　　　　　　内孔车刀一般较长,故背吃刀量取较小值

G71 P1 Q2 U-0.3 W0.05 F0.2;　　　精车余量 X 向取负值,Z 向取正值

N1 G41 G01 X30.2 F0.1;　　　　　　建立刀尖圆弧半径左补偿

　　X28.0 Z-20.0;

　　Z-30.0;

　　X20.0;

　　Z-42.0;

N2 G40 X18.0;　　　　　　　　　　　取消刀尖圆弧半径补偿

G70 P1 Q2;

G00 Z100.0;　　　　　　　　　　　　先退 Z 轴

X100.0;　　　　　　　　　　　　　　再退 X 轴

M30;

（3）平端面粗车循环指令 G72

1）指令格式:

G72 W（Δd）R（e）;

G72 P（ns）Q（nf）U（Δu）W（Δw）F ＿;
其中,Δd 为 Z 向背吃刀量,不带符号且为模态值;
其余参数含义同 G71 指令中的参数含义。

2）指令的运动轨迹及工艺说明。G72 循环加工轨迹如图 2-42 所示。该轨迹与 G71 轨迹相似,不同之处在于该循环是沿 Z 向进行分层切削的。G72 循环所加工的轮廓形状尺寸必须是单调递增或单调递减的。

在 FANUC 0i 系统的 G72 循环指令中,顺序号 "ns" 所指程序段必须沿 Z 向进刀,且不能出现 X 轴的运动指令,否则会出现程序报警。例如:

N100 G01 Z-30.0;（正确的 "ns" 程序段）

N100 G01 X30.0 Z-30.0;（错误的 "ns" 程序段,程序段中出现了 X 轴的运动指令）。

3）编程实例。

【例 2-9】　试用 G72 和 G70 指令编写图 2-43 所示轮廓的加工程序,毛坯为 φ100mm 的铝棒。
编写程序如下:

O0009;

T0101;

M03 S500;

G00 G99 X105.0 Z5.0;　　　　　　　循环起点

G72 W1.0 R1.0;

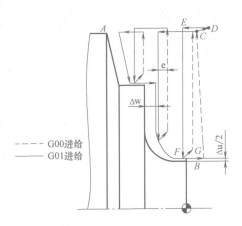

图 2-42　平端面粗车循环轨迹

G72 P1 Q2 U0.4 W0.4 F0.3;

N1 G41 G00 Z-40.0;   建立刀尖圆弧半径左补偿

G01 X85.0 F0.1;

Z-35.0;

X60.0;

Z-28.0;

G03 X50.0 W5.0 R5.0;

G01 Z-18.0;

X40.0 Z-8.0;

X30.0;

Z-2.0;

X26.0 Z0;

N2 G01 Z2.0;

G00 Z99.0;

X99.0;

T0101;

M03 S1000;

G00 X105.0 Z2.0;

G70 P1 Q2;   精车循环

G00 G40 Z99.0;   退刀,取消刀尖圆弧半径补偿

X111.0;

M30;

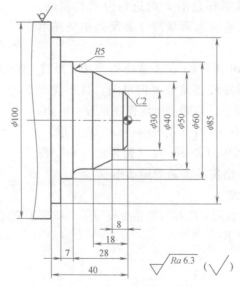

图 2-43 G72 平端面粗车循环例题

（4）多重复合循环指令 G73

1）指令格式：

G73 U （Δi） W （Δk） R （d）；

G73 P （ns） Q （nf） U （Δu） W （Δw） F ___；

其中，Δi 为 X 轴方向毛坯切除余量（半径值、正值）；

Δk 为 Z 轴方向毛坯切除余量（正值）；

d 为粗车分层次数。

其余参数请参考 G71 指令。

2）应用。G73 循环主要用于车削固定轨迹的轮廓。这种复合循环可以高效地切削铸造成形、锻造成形或已粗车成形的工件。对不具备类似成形条件的工件，可先采用 G71 循环粗车；若直接采用 G73 进行编程与加工，反而会增加刀具在切削过程中的空行程，而且也不便计算粗车余量。

3）指令的运动轨迹及工艺说明。G73 复合循环的轨迹如图 2-44 所示。刀具从循环起点（A 点）开始，快速退刀至 C 点（在 X 向的退刀量为 Δu/2+Δi，在 Z 向的退刀量为 Δw+Δk）；快速进刀沿轮廓形状偏移一定值后进行第一次轮廓切削循环；快速返回，准备第二层循环切削；如此分层（分层次数由循环程序中的参数 d 确定）切削至循环结束后，快速退回循环起点（A 点）。

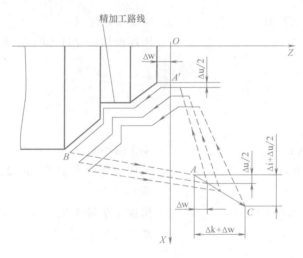

图 2-44　多重复合循环的轨迹

G73 程序段中，"ns" 所指程序段可以向 X 轴或 Z 轴的任意方向进刀。G73 循环加工的轮廓形状尺寸没有单调递增或单调递减形式的限制。

4）编程实例。

【例 2-10】　如图 2-45 所示，零件材料为 45 钢，毛坯已基本锻造成形，加工余量为 10mm（毛坯径向和轴向的单边余量均为 5mm），设粗车循环次数为 3 次，X 方向精加工余量为 0.5mm（直径值），Z 方向精加工余量为 0.1mm。试用 G73、G70 指令编写该零件粗、精加工程序。

分析：对该锻造成形的毛坯，首先用 G94 指令平端面，由于 X、Z 方向的余量均布，只需用多重复合循环 G73 指令沿零件轮廓的等距线轨迹切削 3 次，即可完成零件的加工。X 轴、Z 轴方向毛坯切除余量均取 5mm。

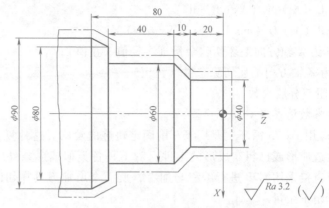

图 2-45　多重复合循环编程加工例题

编写程序如下：

O0010；

T0101；

M03 S800；

G00 G99 X105.0 Z7.0；　　　　　　　G94 循环起点

G94 X0 Z4.0 F0.2；　　　　　　　　用端面切削循环 G94 平端面

Z3.0；

Z2.0；

Z1.0；

X-2.0 Z0；

G00 X105.0 Z2.0；　　　　　　　　G73 循环起点

G73 U5.0 W5.0 R3；　　　　　　　　X 向总切除余量 10mm/2，Z 向总退刀量 5mm，
　　　　　　　　　　　　　　　　　循环 3 次

G73 P1 Q2 U0.5 W0.1 F0.3；　　　　精加工余量 X 向留 0.5mm，Z 向留 0.1mm

N1 G00 G42 X40.0；　　　　　　　　精加工开始

G01 Z-20.0 F0.1；

X60.0 W-10.0；

W-40.0；

X80.0；

X90.0 Z-80.0；

Z-90.0；

N2 X100.0；

G00 X120.0 Z99.0；

T0202；

M03 S1000；

G00 X105.0 Z2.0；

G70 P1 Q2；　　　　　　　　　　　精车循环

G40 G00 X120.0 Z99.0；

M30；

【例 2-11】　试用 G73 指令编写图 2-46 所示零件的加工程序。毛坯选用 ϕ40mm 的铝棒。设粗车循环次数为 6 次，精加工余量 X 方向为 0.5mm（直径值），Z 方向为 0。

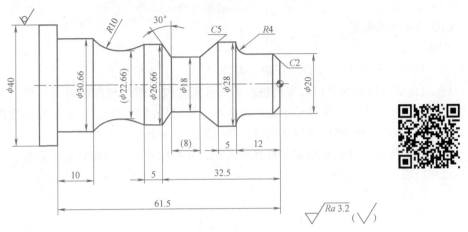

图 2-46　多重复合循环编程加工非单调轮廓

分析：该零件的轮廓外形具备非单调递增（减）的特征，适合使用多重复合循环 G73 指令编程加工。同样，首先用 G94 指令平端面，X 轴方向毛坯切除余量为径向最大切削深度，取 11mm（40mm/2−18mm/2），Z 轴方向毛坯切除余量取 0。

编写程序如下：

O0011；	
T0101；	
M03 S600；	粗加工主轴转速 600r/min
G00 G99 X42.0 Z5.0；	移至 G94 循环起点
G94 X0 Z0.5 F0.3；	平端面
X−2.0 Z0 F0.1；	
G01 X42.0 Z3.0；	快速定位至 G73 循环起点，注销 G94
G73 U11.0 W0 R6；	毛坯总切除余量 X 向 11mm、Z 向 0，循环 6 次
G73 P1 Q2 U0.5 W0.1 F0.3；	精加工余量 X 向 0.5mm、Z 向 0.1mm
N1 G00 X10.0；	在倒角延长线上切入
G01 X20.0 Z−2.0 F0.1；	C2 倒角
Z−8.0；	
G02 X28.0 Z−12.0 R4.0；	
G01 Z−17.0；	
X18.0 W−5.0；	下切锥
W−8.0；	
X26.66 Z−32.5；	上切锥
W−5.0；	

G02 X30.66 W-14.0 R10.0;　　　　　　R10mm 下切圆弧

G01 Z-61.5;

N2 X42.0;　　　　　　　　　　　　沿 X 向退刀

M03 S800;　　　　　　　　　　　　精加工主轴转速 800r/min

G70 P1 Q2;　　　　　　　　　　　　精车循环

G00 X99.0 Z99.0;

M30;

（5）切槽（径向孔）复合循环指令 G75

1）切槽的进给路线分析。车削精度不高且宽度较窄的矩形沟槽时，可用刀宽等于槽宽的车槽刀，采用直进法一次进给车出。对于精度要求较高的沟槽，一般采用二次进给，即第一次进给车槽时，槽壁两侧留精车余量，第二次进给时用等宽刀修整。

车较宽的沟槽，可以采用多次直进法切割，并在槽壁及底面留精加工余量，最后一刀精车至尺寸，如图 2-47 所示。

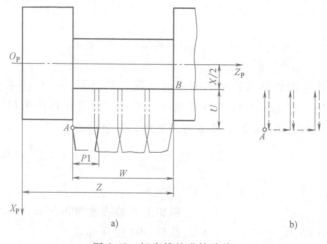

图 2-47　切宽槽的进给路线

较小的梯形槽一般用成形刀车削完成。对于较大的梯形槽，通常先车直槽，然后用梯形刀直进法或左右切削法完成。

2）指令格式：

G75 R（e）；

G75 X（u）Z（w）P（Δi）Q（Δk）R（Δd）F＿＿；

其中，e 为分层切削每次退刀量，半径值，单位是 mm，默认值是 1mm，正常切槽时可省略首行 G75 指令，切断时为了散热和排屑必须指定合适的退刀量；

X、Z 分别为槽在径向和轴向的终点绝对坐标值；

U、W 分别为槽在径向和轴向相对于循环起点的增量坐标，其取值的正负号与切槽起始位置有关；

Δi 为 X 向每次的切入量，半径值，单位为 μm，取正值；

Δk 为 Z 向每次的移动量，单位为 μm，取正值；

Δd 为刀具切到槽底后，在槽底沿 $-Z$ 方向的退刀量，单位为 μm。此项尽量不要设置数值，一般取 0，以免断刀。

3）应用。G75 指令用于内、外径切槽或钻孔，常用于外径沟槽加工。使用 G75 指令既可以切削较宽的径向槽，也可以切削径向均布槽；当 G75 指令用于径向钻孔时，需配备动力刀具。

利用 G75 指令循环加工结束后，刀具回到循环的起点位置。

4）编程实例。

【例 2-12】　毛坯为 φ40mm 的铝棒，设切槽刀宽 3mm，试用 G75 指令编写图 2-48 所示的切宽槽程序。

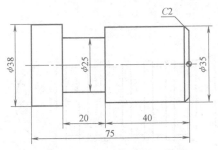

图 2-48　用 G75 指令加工宽槽

编写程序如下：

O0012；

T0101；

G00 G99 X99.0 Z99.0 M03 S500；

X41 Z4；

G71 U1.5 R1；

G71 P1 Q2 U0.4 W0.1 F0.3；

N1 G00 G42 X−2；

G01 Z0 F0.1；　　　　　　　　　　　平端面，$v_f = 0.1$mm/r

X31.0；

X35.0 Z−2.0；　　　　　　　　　　　车 C2 倒角

Z−60.0；

X38.0；

Z−75.0；

N2 G40 X41；

G70 P1 Q2；

G00 X99.0 Z99.0；

T0202；　　　　　　　　　　　　　　换切槽刀，刀宽 3mm

M03 S400；

G00 Z−43.0；

X40；　　　　　　　　　　　　　　　切槽循环起点

G75 X25.1 W−17 P8000 Q2700 F0.08；　切槽进给量 $f = 0.08$mm/r，X 向每次切削

　　　　　　　　　　　　　　　　　　深度为 8mm，Z 向每次移动 2.7mm

G01 X25；

G04 P200；

W−17；   精车

X40；

G00 X99.0；

Z99.0；

M30；

【例 2-13】 毛坯为 φ40mm 的铝棒，设切槽刀宽 5mm，试用 G75 指令编写图 2-49 所示活塞杆均布槽的加工程序。

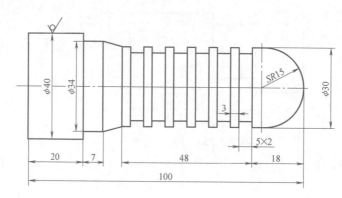

图 2-49 用 G75 指令加工均布槽

编写程序如下：

O0013；

T0101；   换外圆车刀

M03 S800；

G00 G99 X41.0 Z4.0；

G71 U2.0 R1.0；   粗车外圆表面

G71 P1 Q2 U0.5 W0.1 F0.3；

N1 G00 G42 X−2；

G01 Z0 F0.1；

X0；

G03 X30.0 Z−15.0 R15.0；

G01 Z−66.0；

X34.0 W−7.0；

Z−80.0；

N2 G40 X41.0；

G70 P1 Q2；   精车外圆

G00 X99.0 Z99.0；

T0202；   换切槽刀,设刀宽为 5mm

M03 S500；

G99 G00 Z-23.0;

X32;

G75 X26.0 Z-63.0 P4000 Q8000 F0.08;

G00 X99.0;

Z99.0;

M30;

> **延伸思考：**如果切槽刀的刀宽为 3mm，如何使用 G75 指令编程加工该均布槽？

（6）使用内外圆复合固定循环指令 G71、G72、G73、G70 时的注意事项

1）应根据毛坯的形状、零件的加工轮廓及其加工要求选用内外圆复合固定循环指令。

① G71 固定循环指令主要用于对径向尺寸要求比较高、轴向切削尺寸大于径向切削尺寸的毛坯工件进行粗车循环。编程时，X 向精车余量的取值一般大于 Z 向精车余量的取值。

② G72 固定循环指令主要用于对端面精度要求比较高、径向切削尺寸大于轴向切削尺寸的毛坯工件进行粗车循环。编程时，Z 向精车余量的取值一般大于 X 向精车余量的取值。

③ G73 固定循环指令主要用于已成形工件的粗车循环。精车余量根据具体的加工要求和加工形状来确定。

2）使用内外圆复合固定循环指令进行编程时，在其 ns~nf 程序段中，不能含有固定循环指令、参考点返回指令、螺纹切削指令、宏程序调用或子程序调用指令。

3）执行 G71、G72、G73 循环时，只有在 G71、G72、G73 指令的程序段中 F、S、T 是有效的，在调用的程序段 ns~nf 之间编入的 F、S、T 功能将被全部忽略。相反，在执行 G70 精车循环时，G71、G72、G73 程序段中指令的 F、S、T 功能无效。这时，F、S、T 值取决于程序段 ns~nf 之间编入的 F、S、T 功能。

4）在 G71、G72、G73 程序段中，Δd（Δi）、Δu 都用地址符 U 进行指定，而 Δk、Δw 都用地址符 W 进行指定，系统根据 G71、G72、G73 程序段中是否指定 P、Q 来区分 Δd（Δi）、Δu 及 Δk、Δw。当程序段中没有指定 P、Q 时，该程序段中的 U 和 W 分别表示 Δd（Δi）和 Δk；当程序段中指定了 P、Q 时，该程序段中的 U、W 分别表示 Δu 及 Δw。

5）G71、G72、G73 程序段中的 Δw、Δu 是指精加工余量值，该值按其余量的方向有正、负之分。另外，G73 指令中的 Δi、Δk 值也有正、负之分，其正、负值是根据刀具位置和进、退刀方式来判定的。

五、螺纹加工及其循环指令

1. 车螺纹的工艺分析

（1）车螺纹的主轴转速　数控车床加工螺纹时，因其传动链的改变，原则上其转速只要能保证主轴每转一周时，刀具沿主进给轴（多为 Z 轴）方向位移一个螺距即可。

在车削螺纹时，车床的主轴转速受到螺纹的螺距 P（或导程 P_h）大小、驱动电动机的升降频特性以及螺纹插补运算速度等多种因素影响，故对于不同的数控系统，推荐不同的主轴转速选择范围。大多数经济型数控车床推荐车螺纹时的主轴转速为

$$n \leqslant (1200/P) - k$$

式中　n——主轴转速（r/min）；

P——被加工螺纹螺距（mm）；

k——保险系数，一般取为80。

螺纹指令运行时，脉冲编码器处于工作状态，进给倍率开关和主轴转速倍率开关均无效，加工螺纹时刀具在工作进给过程中，主轴转速和进给速度倍率都保持在100%。

（2）脉冲编码器　数控车床主轴上必须装有脉冲编码器才能进行螺纹加工。数控车床主轴转动与进给运动之间没有机械方面的直接联系，为了加工螺纹，要求输入进给伺服电动机的脉冲数与主轴转数应有相位关系，脉冲编码器起到了联系主轴转动与进给传动的作用，从而实现了主轴的同步运行功能。

当主轴转速选择过高时，通过编码器发出的定位脉冲（即主轴每转一周所发出的一个基准脉冲信号）将可能因"过冲"（特别是当编码器的质量不稳定时）而导致工件螺纹产生乱牙，俗称"乱扣"。

（3）车螺纹的轴向进给距离分析　车螺纹时，刀具沿螺纹方向的进给应与工件主轴旋转保持严格的速比关系。考虑到刀具从停止状态到达指定的进给速度或从指定的进给速度降至零，驱动系统必有一个过渡过程，沿轴向进给的加工路线长度，除保证加工螺纹长度外，还应增加刀具引入距离 δ_1 和刀具切出距离 δ_2，如图2-50所示，从而保证了在切削螺纹的有效长度内，刀具的进给速度是均匀的。一般 δ_1 取 1~2 倍螺距，δ_2 取 0.5 倍的螺距以上。

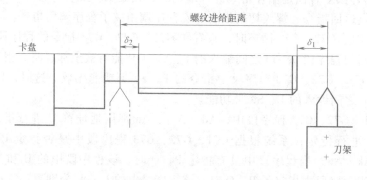

图 2-50　切削螺纹的引入、切出距离

（4）螺纹大（小）径的计算　螺纹加工径向起点（编程大径）的确定取决于螺纹大径，径向终点（编程小径）的确定取决于螺纹小径。对于三角形普通圆柱螺纹，有以下经验公式

牙型高度：$\qquad\qquad\qquad\qquad h = 0.6495P$

外螺纹：$\qquad\qquad\qquad\qquad d_{大} = d - 0.13P$

$\qquad\qquad\qquad\qquad\qquad\quad d_{小} = d - 1.3P$

内螺纹：$\qquad\qquad\qquad\qquad D_{大} = D$

$\qquad\qquad\qquad\qquad\quad D_{小} = D - 1.0825P \qquad$（塑性材料）

$\qquad\qquad\qquad\qquad\quad D_{小} = D - 1.05P \qquad$（脆性材料）

式中　D、d——内、外螺纹公称直径（mm）；

$\qquad\quad P$——螺距（mm）。

（5）分层背吃刀量　通常螺纹牙型较深、螺距较大，车削时可分几次进给。每次进给的背吃刀量用螺纹深度减精加工背吃刀量所得的差按递减规律分配，普通圆柱外螺纹的背吃刀量计算可参阅表2-5；加工内螺纹的相关尺寸则按照上面的公式进行计算。

表 2-5　常用螺纹切削的进给次数与背吃刀量

米 制 螺 纹							
螺距/mm	1.0	1.5	2.0	2.5	3.0	3.5	4.0
牙深（半径量）	0.649	0.974	1.299	1.624	1.949	2.273	2.598
切削次数及背吃刀量（直径量）/mm　1次	0.7	0.8	0.9	1.0	1.2	1.5	1.5
2次	0.4	0.6	0.6	0.7	0.7	0.7	0.8
3次	0.2	0.4	0.6	0.6	0.6	0.6	0.6
4次		0.16	0.4	0.4	0.4	0.6	0.6
5次			0.1	0.4	0.4	0.4	0.4
6次				0.15	0.4	0.4	0.4
7次					0.2	0.2	0.4
8次						0.15	0.3
9次							0.2

在 FANUC 0i 数控系统中，车削螺纹的加工指令主要有 G32 和固定循环加工指令 G92、G76。

2. 螺纹切削指令 G32

（1）指令格式　G32 X（U）__ Z（W）__ F__ Q__;

其中，X（U）、Z（W）为直线螺纹的终点坐标；

F 为直线螺纹的导程，如果是单线螺纹，则为直线螺纹的螺距；

Q 为螺纹起始角，该值为不带小数点的非模态值。如果是单线螺纹，那么该值不用指定，取值为 0；若是双线螺纹，Q 值为 180000。

（2）应用　用 G32 指令可以加工固定导程的圆柱螺纹或锥螺纹（图 2-51），也可以加工端面螺纹。

（3）指令的运动轨迹　如图 2-51 所示，A 点是螺纹加工的起点，B 点是单行程螺纹切

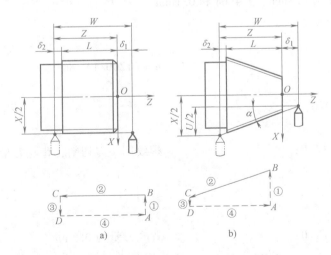

图 2-51　单行程螺纹切削指令 G32 的运动轨迹
a）圆柱螺纹　b）圆锥螺纹

削指令 G32 的起点，C 点是单行程螺纹切削指令 G32 的终点，D 点是 X 向退刀的终点。①是用 G00 进刀，②是用 G32 车螺纹，③是用 G00 X 向退刀，④是用 G00 Z 向退刀。

（4）工艺说明

1）在螺纹加工中不使用恒线速度控制功能；从螺纹粗加工到精加工，主轴的转速必须保持一个常数。

2）在没有停止主轴的情况下，停止螺纹的切削将非常危险。因此螺纹切削时进给保持功能无效，如果按下进给保持键，刀具在加工完螺纹后才停止运动。

3）车螺纹时，应设置足够的引入距离 δ_1 和切出距离 δ_2，以消除伺服滞后造成的螺距误差。

4）加工双线螺纹时，可先加工完第一条螺纹，在加工第二条螺纹时，车刀的轴向起点与加工第一条螺纹的轴向起点偏移一个螺距 P 即可。

（5）编程实例

【例 2-14】　试用 G32 指令编写图 2-52 所示零件的螺纹加工程序。

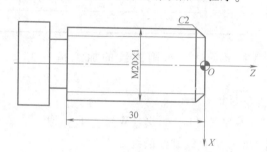

图 2-52　G32 螺纹加工

分析：因该螺纹为普通联接螺纹，没有规定其公差要求，可参照螺纹公差的国家标准，按靠近最低配合要求的公差带取其中值来确定大径（车螺纹前的外圆直径）尺寸，或按经验取大径尺寸为 19.8mm，以避免合格螺纹的牙顶出现过尖的疵病。

螺纹切削引入距离取 3mm，切出距离取 2mm。螺纹的总切削深度为 1.2mm，分 3 次切削，背吃刀量依次为 0.8mm、0.4mm 和 0.1mm。

编写程序如下：

O0014;	
M03 S1100;	$n \leq (1200/1) - 80$
T0101;	
G00 X40.0 Z3.0;	
X19.2;	
G32 W-35.0 F1.0;	螺纹第一刀切削，背吃刀量为 0.8mm
G00 X40.0;	
W35.0;	
X18.8;	
G32 W-35.0 F1.0;	背吃刀量为 0.3mm
G00 X40.0;	
W35.0;	

X18.7；

G32 W-35.0 F1.0；　　　　　　　　　背吃刀量为 0.1mm

G00 X40.0；

W35.0；

G00 X100.0 Z100.0；

M30；

【例 2-15】　试用 G32 指令编写图 2-52 所示螺纹（代号改为 M20×Ph2P1）的加工程序。

编写程序如下：

O0015；

M03 S1100；

T0101；

G00 X40.0 Z6.0；

X19.2；

G32 Z-32.0 F2.0 Q0；　　　　　　　加工第 1 条螺旋线，螺纹起始角为 0

G00 X40.0；

Z6.0；

……　　　　　　　　　　　　　　　　至第 1 条螺旋线加工完成

X19.2；

G32 Z-32.0 F2.0 Q180000；　　　　　加工第 2 条螺旋线，螺纹起始角为 180°

G00 X40.0；

Z6.0；

……　　　　　　　　　　　　　　　　多刀重复切削至第 2 条螺旋线加工完成

M30；

3. 螺纹切削单一固定循环指令 G92

通过前面例题可以看出，使用 G32 指令加工螺纹时需多次进刀，程序较长，容易出错。为此，数控车床一般均在数控系统中设置了螺纹切削循环指令 G92。

（1）指令格式

圆柱螺纹切削循环：G92 X（U）＿ Z（W）＿ F＿；

圆锥螺纹切削循环：G92 X（U）＿ Z（W）＿ F＿ R＿；

其中，X、Z 为螺纹切削终点处的绝对坐标；

U、W 为螺纹切削终点处坐标相对于螺纹循环起点的坐标值增量；

F 为螺纹导程的大小；

R 为圆锥螺纹切削起点处的 X 坐标减其终点处的 X 坐标之值的 1/2，即该值为半径量；当切削起点处的半径小于终点处的半径，R 取负值，R 为非模态代码。

（2）指令的运动轨迹及工艺说明　　G92 指令用于单一循环加工螺纹，其循环路线与单一形状固定循环指令 G90 的循环路线基本相同，运动轨迹也是一个矩形或梯形。如图 2-53 所示，循环路线中除车削螺纹②为进给运动外，其他运动（循环起点进刀①、螺纹切削终点 X 向退刀③、Z 向退刀④）均为快速运动。该指令是切削圆柱螺纹和圆锥螺纹时使用最多的螺纹切削指令。

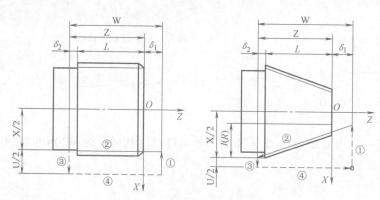

图 2-53 螺纹切削循环指令 G92 的运动轨迹

在 G92 循环编程中，仍应注意循环起点的正确选择。通常情况下，X 向循环起点取在离外圆表面 1~2mm（直径量）的地方，Z 向的循环起点根据导入值的大小进行选取。

（3）编程实例

【例 2-16】 在前置刀架式数控车床上，试用 G92 指令编写图 2-54 所示双线左旋螺纹的加工程序。在螺纹加工前，其螺纹外圆直径已加工至 ϕ29.8mm。

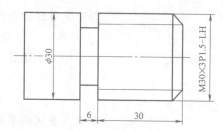

图 2-54 双线左旋螺纹

编写程序如下：

O0016;

T0101;

M03 S600;

G00 X31.0 Z-34.0;

G92 X29.2 Z3.0 F3.0;

X28.6;

X28.2;

X28.05;　　　　　　　　　　　　螺纹小径 $d_小 = d - 1.3P = 30\text{mm} - 1.3 \times 1.5\text{mm} = 28.05\text{mm}$

G01 Z-32.5 F200;　　　　　　　Z 向平移一个螺距

G92 X29.2 Z4.5 F3.0;　　　　　加工第 2 条螺旋线

X28.6;

X28.2;

X28.05;

G00 X100.0 Z100.0;

M30;

【例 2-17】　零件尺寸如图 2-55 所示，毛坯选用 $\phi85\text{mm}$ 的铝棒，加工螺纹为 Mc60×2。试用 G92 指令编写锥螺纹的加工程序，图中括弧内尺寸根据标准得到。

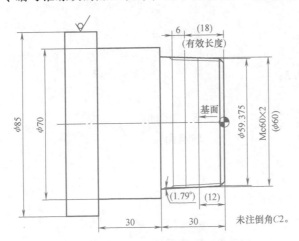

图 2-55　G92 指令切削锥螺纹编程实例

分析：该螺纹是基面公称大径为 $\phi60\text{mm}$、螺距为 2mm 的米制密封螺纹（GB/T 1415—2008），可用于气体或液体管路系统的密封联接。管端至基面长度为 12mm，螺纹有效长度为 18mm，螺尾长 6mm；螺纹的锥度全部取为 1:16；零件的前端是 C2 倒角，引入距离 $\delta_1 = 4\text{mm}$，切出距离 $\delta_2 = 2\text{mm}$，编程时要正确计算倒角终点坐标、计入 δ_1 和 δ_2 后的大端直径以及锥度。

为此，计算如下：

① 计算倒角终点直径 d，以便外圆车刀车出锥度正确的锥面。计算过程如下：

$$(60\text{mm} - d) : 10\text{mm} = 1:16$$

$$d = 60\text{mm} - 10\text{mm}/16 = 60\text{mm} - 0.625\text{mm} = 59.375\text{mm}$$

② 长度为 30mm 的锥面大端直径为

$$(D - 59.375\text{mm}) : (30\text{mm} - 2\text{mm}) = 1:16$$

$$D = 59.375\text{mm} + 28\text{mm}/16 = 59.375\text{mm} + 1.75\text{mm} = 61.125\text{mm}$$

③ 计入引入距离 δ_1 和切出距离 δ_2 后，$\delta_1 = 4\text{mm}$，$\delta_2 = 2\text{mm}$，螺纹切削终点直径为

$$(d_{\text{大}} - 60\text{mm}) : (2\text{mm} + 6\text{mm} + 18\text{mm} - 12\text{mm}) = 1:16$$

$$d_{\text{大}} = 60\text{mm} + 14\text{mm}/16 = 60\text{mm} + 0.875\text{mm} = 60.875\text{mm}$$

$$d_{\text{小}} = d_{\text{大}} - 2h = 60.875\text{mm} - 2 \times 1.299\text{mm} = 58.277\text{mm}$$

④ 计算 G92 指令中锥度 R。

$$R = (d - D)/2$$

$$2R : (2\text{mm} + 6\text{mm} + 18\text{mm} - 2\text{mm}) = 1:16$$

$$R = -0.75\text{mm}$$

⑤ 该米制密封螺纹加工编程如下：

O0017;

T0101;　　　　　　　　　　　　　　换外圆车刀

M03 S600;

G00 G99 X99.0 Z5；

G94 X0 Z0.5 F0.3；   平端面

X-2 Z0 F0.15；

G00 X87.0 Z3.2；   循环起点

G71 U2.0 R1.0；

G71 P1 Q2 U0.5 W0.1 F0.3；

N1 G42 G00 X55.375；

G01 X59.375 Z-2.0 F0.1；   车 C2 倒角

X61.125 Z-30.0；   车锥面

X70.0；

Z-60.0；

N2 G40 X87.0；

M03 S800；

G70 P1 Q2；   精车循环

G00 X99.0 Z99.0；

T0303；   换螺纹车刀

M03 S500；

G00 X90.0 Z4.0；   循环起点 X 坐标大于大端直径尺寸

G92 X59.975 Z-26.0 R-0.75 F2.0；   60.875-0.9＝59.975

X59.375 R-0.75；

X58.775 R-0.75；

X58.375 R-0.75；

X58.277 R-0.75；

G00 X99.0 Z99.0；

M30；

（4）使用螺纹切削单一固定循环指令 G92 时的注意事项

1）在螺纹切削过程中，"进给保持"按钮无效。

2）如果在单段方式下执行 G92 指令，按下"循环起动"按钮运行一行程序，完成一次切削循环。

3）G92 指令是模态指令，当 Z 轴移动量没有变化时，只需对 X 轴指定其移动指令即可重复执行固定循环动作。

4）执行 G92 指令时，在螺纹切削的退尾处，刀具沿接近 45°的方向斜向退刀，Z 向退刀距离 $r=(0.1\sim12.7)P_h$，P_h 为螺纹导程。

5）在 G92 指令执行过程中，进给速度倍率和主轴速度倍率均无效。

4. 螺纹切削复合固定循环指令 G76

（1）指令格式

G76 P(m)(r)(a) Q(Δd_{min})R(d)；

G76 X(U)＿ Z(W)＿ R(i)P(k)Q(Δd)F＿；

其中，m 为精加工重复次数，可取 01~99；

r 为倒角量，即螺纹切削退尾处（45°）的 Z 向退刀距离。当导程（螺距）由 P_h 表示时，可以由 $(0.0 \sim 9.9)P_h$ 设定，单位为 $0.1P_h$，用 00～99 两位整数表示；

a 为刀尖角度（螺纹牙型角），可以选择 80°、60°、55°、30°、29° 和 0° 共 6 种中的任意一种，该值由 2 位数规定；

Δd_{min} 为最小切削深度，该值用不带小数点的半径量表示；

d 为精加工余量，该值用带小数点的半径量表示；

X（U）、Z（W）为螺纹切削终点处的坐标；

i 为螺纹半径差，如果 i＝0，则进行圆柱螺纹切削，此时该参数可以省略；

k 为牙型编程高度，该值用不带小数点的半径量表示；

Δd 为第一刀背吃刀量，该值用不带小数点的半径量表示；

F 为导程，如果是单线螺纹，则该值为螺距。

如：【例 2-14】的螺纹加工指令可写成：G76 P011060 Q200 R0.05；

G76 X18.8 Z-32.0 R0 P1299 Q500 F1.0；

（2）指令的运动轨迹及工艺说明　G76 螺纹切削复合循环的运动轨迹如图 2-56a 所示。以圆锥外螺纹（i 值不为零）为例，刀具从循环起点 A 处，以 G00 方式沿 X 向进给至螺纹牙顶 X 坐标处（B 点，该点的 X 坐标值＝小径＋2k），然后沿与基本牙型一侧平行的方向进给（图 2-56b），X 向切削深度为 Δd，再以螺纹切削方式切削至离 Z 向终点距离为 r 处，倒角退刀至 D 点，再 X 向退刀至 E 点，最后返回 A 点，准备第二刀切削循环。如此多刀切削循环，

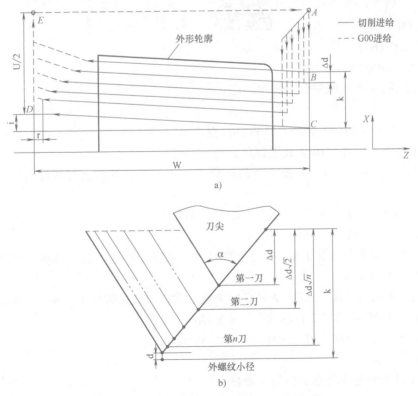

图 2-56　G76 螺纹切削复合循环的运动轨迹

a）刀具运动轨迹　b）下刀方式

直至循环结束。

第一刀切削循环时，背吃刀量为 Δd（图 2-56b），第二刀的背吃刀量为 $(\sqrt{2}-1)\Delta d$，第 n 刀的背吃刀量为 $(\sqrt{n}-\sqrt{n-1})\Delta d$。因此，执行 G76 循环的背吃刀量是逐步递减的。

图 2-56b 所示为螺纹车刀向深度方向并沿与基本牙型一侧平行的方向进刀，从而保证了螺纹粗车过程中始终用一个切削刃进行切削，减小了切削阻力，提高了刀具寿命，为螺纹的精车质量提供了保证。

在 G76 循环指令中，m、r、a 用地址符 P 及后面各两位数字指定，每个两位数中的前置 0 不能省略。

例如，P011560 的具体含义为：精加工次数"01"即 m = 1；倒角量"15"即 r = 15×0.1P_h = 1.5P_h（P_h 是导程）；螺纹牙型角"60"即 a = 60°。

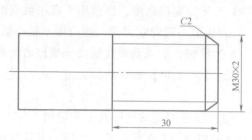

图 2-57 外螺纹加工实例

（3）编程实例

【例 2-18】 在前置刀架式数控车床上，试用 G76 指令编写图 2-57 所示外螺纹的加工程序。

编写程序如下：

O0018；

……

M03 S500；

G00 X32.0 Z6.0；

G76 P021060 Q200 R0.06；

G76 X27.4 Z-30.0 P1300 Q500 F2.0；

……

（4）使用螺纹复合循环指令 G76 时的注意事项

1）G76 指令可以在 MDI 方式下使用。

2）在执行 G76 循环时，如按下"循环暂停"键，则刀具在执行螺纹切削后的程序段暂停。

3）G76 指令为非模态指令，所以必须每次指定。

5. 螺纹与外形加工综合实例

【例 2-19】 试用外圆加工循环指令和螺纹加工循环指令编写图 2-58 所示零件的加工程序，毛坯直径为 50mm。

（1）选择机床与夹具 选择 FANUC 0i 系统、前置刀架式数控车床加工，夹具采用通用自定心卡盘，编程原点设在工件右端面与主轴轴线的交点上。

（2）使用刀具 外圆车刀、切槽刀和螺纹车刀。

（3）加工步骤

1）用 G71 指令粗车外形，留精车余量。

2）用 G70 指令精车外形至尺寸。

3）车退刀槽。

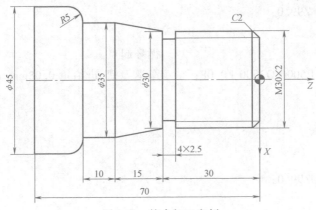

图 2-58　综合加工实例

4）用 G92 指令车螺纹。

5）切断。

6）调头平端面至总长。

编写程序如下：

O0019；	
T0101；	外圆车刀
G99 G00 X99. 0 Z99. 0；	
M03 S700；	
X52. 0 Z5. 0；	循环起点
G71 U2. 0 R1. 0；	
G71 P1 Q2 U0. 4 W0. 1 F0. 25；	进给量 0. 25mm/r
N1 G42 G00 X-2. 0；	精车切削起点
G01 Z0 F0. 1；	
X25. 74；	
X29. 74 Z-2. 0；	倒角,计算外螺纹大径 $d_{大}=d-0.13P=30\text{mm}-0.13\times2\text{mm}=29.74\text{mm}$
Z-30. 0；	
X30. 0；	
X35. 0 W-15. 0；	
W-10. 0；	
G03 X45. 0 W-5. 0 R5. 0；	
G01 Z-76. 0；	
N2 G40 X52. 0；	
M03 S800；	
G70 P1 Q2；	
G00 X99. 0 Z99. 0；	
T0202；	切槽刀,刀宽 3mm
M03 S400；	

G99 G00 X99.0 Z99.0；

Z-30.0；

X32.0；　　　　　　　　　　　　　循环起点

G75 X25.0 W1 P5000 Q2500 F0.08；　　车退刀槽,进给量 0.08mm/r

G00 X99.0；

Z99.0；

T0303；　　　　　　　　　　　　　螺纹车刀

M03 S500；

G99 G00 X99.0 Z99.0；

X32.0 Z5.0；

G92 X29.1 Z-27.0 F2.0；　　　　　　车螺纹

X28.5；

X27.9；

X27.5；

X27.4；

G00 X99.0 Z99.0；

T0202；

G99 G00 X99.0 Z99.0 M03 S400；

Z-74.0；

X48.0；

G01 X1.0 F0.08；　　　　　　　　　切断,长度留余量 1mm

G00 X99.0；

Z99.0；

M30；

调头平端面程序如下：

O0192；

T0105；

G99 G00 X99.0 Z99.0 M03 S700；

X48.0 Z3.0；　　　　　　　　　　　循环起点

G94 X0 Z0.3 F0.3；

X-2.0 Z0 F0.1；　　　　　　　　　精车

G00 X99.0 Z99.0；

M30；

六、子程序

1. 子程序的概念

（1）子程序的定义　机床的加工程序可以分为主程序和子程序两种。主程序是一个完整的零件加工程序，或是零件加工程序的主体部分。它与被加工零件或加工要求一一对应，不同的零件或不同的加工要求都有唯一的主程序。

在编制加工程序中，有时会遇到一组程序段在一个程序中多次出现，或者在几个程序中都要使用它。这个典型的加工程序可以做成固定程序，并单独加以命名，称为子程序。

子程序一般都不可以作为独立的加工程序使用，它只能通过主程序进行调用，实现加工中的局部动作。子程序执行结束后，能自动返回到调用它的主程序中。

（2）子程序的嵌套　为了进一步简化加工程序，可以允许其子程序再调用另一个子程序，这一功能称为子程序的嵌套。

当主程序调用子程序时，该子程序被认为是一级子程序，FANUC 0i 系统中的子程序允许四级嵌套（图 2-59）。

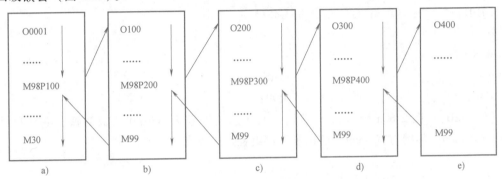

图 2-59　子程序的嵌套

a）主程序　b）一级嵌套　c）二级嵌套　d）三级嵌套　e）四级嵌套

2. 子程序的格式

在大多数数控系统中，子程序和主程序并无本质区别。子程序和主程序在程序号及程序内容方面基本相同，仅结束标记不同。主程序用 M30 表示结束，而子程序在 FANUC 0i 系统中用 M99 表示子程序结束，并实现自动返回主程序功能，如下述子程序。

O0002；
G01 X50.0 Z2.0；
……
G00 X100.0 Z50.0；
M99；

3. 子程序的调用

在 FANUC 0i 系统中，子程序的调用可通过辅助功能指令 M98 进行，同时在调用格式中将子程序的程序号地址改为 P，其常用的子程序调用格式有以下两种。

格式一：M98 P ＿ ＿ ＿ ＿ L ＿ ＿ ＿ ＿；

地址符 P 后面的 4 位数字为子程序号，地址 L 的数字表示重复调用的次数，子程序号及调用次数前的 0 可省略不写。如果只调用子程序一次，则地址 L 及其后的数字可省略，例如指令"M98 P100 L5；"，表示调用 O100 子程序 5 次。

格式二：M98 P ＿ ＿ ＿ ＿ ＿ ＿ ＿ ＿；

地址 P 后面的 8 位数字中，前 4 位表示调用次数，后 4 位表示子程序号。采用这种调用格式时，调用次数前的 0 可以省略不写，但子程序号前的 0 不可省略。例如"M98 P50010；"表示调用 O0010 子程序 5 次。

4. 说明

1）华中数控系统中调用子程序用格式一；FANUC、广数系统中用格式二。

2）华中数控系统中，主程序和子程序放在一个文件中；FANUC、广数系统中，主程序和子程序分别放在两个文件中。

5. 编写子程序时的注意事项

1）在编写子程序的过程中，有时应采用增量坐标方式进行编程，以避免失误。

2）在刀尖圆弧半径补偿模式中的程序不能被子程序分隔，正确书写格式如下：

O1（主程序）	O2（子程序）
T0101；	G42……
……	……
M98 P2；	……
……	G40……
M30；	M99；

【例2-20】 图2-60a所示为V带轮，毛坯选用牌号为HT250的灰铸铁，毛坯尺寸为 $\phi70\text{mm}\times43\text{mm}$，切槽刀宽3mm，试用子程序编程加工V带轮的梯形槽。

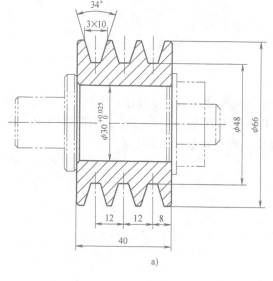

a)

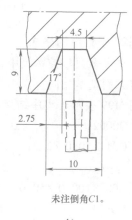

未注倒角C1。

b)

图2-60 用子程序加工V带轮梯形槽

1. 工艺分析

1）铸造毛坯。

2）人工时效。

3）车削各型面。

① 夹毛坯，外伸20mm，平端面，车工艺台。

② 夹工艺台，轴肩定位，平端面定总长，钻孔 $\phi20\text{mm}$，粗、精车内孔及倒角至尺寸。

③ 心轴胎装夹，粗、精车外圆、倒角及V形槽至尺寸。

2. 梯形槽加工方法及尺寸计算

切槽刀宽3mm，槽底宽度 $10\text{mm}-2\times9\text{mm}\times\tan17°=4.5\text{mm}$，如图2-60b所示；车削直槽

后，槽底两边各留 0.75mm 的余量，槽口单边留 2.75mm+0.75mm＝3.5mm 余量；对梯形槽的侧面进行半精车和精车，精车余量 0.18mm。

3. 工步③心轴胎装夹下的加工程序

O0020；	
T0101；	
M03 S666；	
G00 G99 X99.0 Z99.0；	
X70.0 Z3.0；	
G90 X68.5 Z-42.0 F0.3；	车外圆
X66.5；	
X66.0 F0.1；	精车外圆
G00 X99.0 Z99.0；	
T0202；	换切槽刀,刀宽 3mm
G00 G99 X99.0 Z99.0 M03 S400；	
Z-8.0；	
X70.0；	
M98 P30002；	调用 3 次 O0002 号子程序
G00 X99.0；	
Z99.0；	
M30；	
O0002；	
G00 W-1.5；	切槽刀刀位点向左偏离梯形槽对称中心线 1.5mm
G01 X48.0 F0.1；	车削直槽
G00 X70.0；	
W-3.32；	10mm/2-3mm/2-0.18mm＝3.32mm,轮槽左侧留余量 0.18mm
G01 X66.0；	
X48.0 W2.75；	半精车槽左侧
G00 X70.0；	
W-2.93；	-2.75mm+(-0.18mm)＝-2.93mm
G01 X66.0；	
X48.0 W2.75；	精车槽左侧面
G00 X70.0；	
W4.07；	10mm-2.75mm-3mm-0.18mm＝4.07mm,使切槽刀右刀尖留余量 0.18mm
G01 X66.0；	
X48.0 W-2.75；	半精车槽右侧
G00 X70.0；	
W2.93；	

```
G01 X66.0;
X48.0 W-2.75;                      精车槽右侧面
G00 X70.0;
W-0.75;                            使切槽刀刀位点回到轮槽对称中心线上
W-12.0;                            切槽刀平移至下一个槽的对称中心线处
M99;                               子程序结束并返回到主程序
```

七、用户宏程序

用户宏程序是 FANUC 数控系统及类似产品中的特殊编程功能。用户宏程序的实质与子程序相似，它也是把一组实现某种功能的指令，以子程序的形式预先存储在系统存储器中，通过宏程序调用指令执行这一功能。在主程序中，只要编入相应的调用指令就能实现这些功能。

一组以子程序的形式存储并带有变量的程序称为用户宏程序，简称宏程序。调用宏程序的指令称为"用户宏程序指令"，或宏程序调用指令，简称宏指令。

普通程序与宏程序相比较，普通程序的程序字为常量，一个程序只能描述一个几何形状，所以缺乏灵活性和适用性。而在用户宏程序的本体中，可以使用变量进行编程，还可以用宏指令对这些变量进行赋值、运算等处理。通过使用宏程序能执行一些有规律变化（如非圆二次曲线轮廓）的动作。

用户宏程序分为 A、B 两种。一般情况下，一些较老版本的 FANUC 系统（如 FANUC 0TD 系统）的系统面板上没有"+""-""*""/""=""[ ]"等符号，故不能进行这些符号的输入，也不能用这些符号进行赋值及数学运算。因此，在这类系统中只能按 A 类宏程序进行编程。而在 FANUC 0i 及其后（如 FANUC 18i 等）的系统中，则可以输入这些符号并运用这些符号进行赋值及数学运算，即按 B 类宏程序进行编程。在本教材中我们只介绍 B 类宏程序。

1. 变量

（1）变量的表示　一个变量由符号#和变量序号组成，如#100、#200 等。还可以用表达式进行表示，但其表达式必须全部写入"[ ]"中，如：#[#1+#2+10]，当#1 = 10，#2 = 100 时，该变量表示#120。

（2）变量的引用　引用变量也可以采用表达式。

例：G01 X[#100-30.0] Y-#101 F[#101+#103]；

当#100 = 100.0、#101 = 50.0、#103 = 80.0 时，指令即表示为"G01 X70.0 Y-50.0 F130;"。

（3）变量的赋值

1）直接赋值。变量可以在操作面板上用 MDI 方式直接赋值，也可在程序中以等式方式赋值，但等号左边不能用表达式。

例：#100 = 100.0；#100 = 30.0+20.0；

2）引数赋值。宏程序以子程序方式出现，所用的变量可在宏程序调用时赋值。

例：G65 P1000 X100.0 Y30.0 Z20.0 F100.0；

该处的 P 为宏程序的名，X、Y、Z 不代表坐标字，F 也不代表进给字，而是对应于宏程序中的变量号，变量的具体数值由引数后的数值决定。引数宏程序体中的变量赋值方法有两种，见表 2-6 及表 2-7。这两种方法可以混用，其中 G、L、N、O、P 不能作为引数代替变量赋值。

表 2-6　变量赋值方法 I

引数	变量	引数	变量	引数	变量	引数	变量
A	#1	I3	#10	I6	#19	I9	#28
B	#2	J3	#11	J6	#20	J9	#29
C	#3	K3	#12	K6	#21	K9	#30
I1	#4	I4	#13	I7	#22	I10	#31
J1	#5	J4	#14	J7	#23	J10	#32
K1	#6	K4	#15	K7	#24	K10	#33
I2	#7	I5	#16	I8	#25		
J2	#8	J5	#17	J8	#26		
K2	#9	K5	#18	K8	#27		

① 变量赋值方法 I 。

G65 P0030 A50.0 I40.0 J100.0 K0 I20.0 J10.0 K40.0;

经赋值后的#1 = 50.0，#4 = 40.0，#5 = 100.0，#6 = 0，#7 = 20.0，#8 = 10.0，#9 = 40.0。

② 变量赋值方法 II 。

G65 P0020 A50.0 X40.0 F100.0;

表 2-7　变量赋值方法 II

引数	变量	引数	变量	引数	变量	引数	变量
A	#1	H	#11	R	#18	X	#24
B	#2	I	#4	S	#19	Y	#25
C	#3	J	#5	T	#20	Z	#26
D	#7	K	#6	U	#21		
E	#8	M	#13	V	#22		
F	#9	Q	#17	W	#23		

经赋值后#1 = 50.0，#24 = 40.0，#9 = 100.0。

③ 变量赋值方法 I 和 II 混合使用。

G65 P0030 A50.0 D40.0 I100.0 K0 I20.0;

经赋值后，I20.0 与 D40.0 同时分配给变量#7，则后一个#7 有效，所以变量#7 = 20.0，其余同上。

2. 变量运算

宏程序中的运算类似于数学运算，仍用各种数学符号来表示。变量的常用运算见表 2-8。

表 2-8　变量的常用运算

功　能	格　式	备 注 与 示 例
定义、转换	#i = #j	#100 = #1，#100 = 30.0
加法	#i = #j+#k	#100 = #1+#2
减法	#i = #j-#k	#100 = 100.0-#2
乘法	#i = #j * #k	#100 = #1 * #2
除法	#i = #j/#k	#100 = #1/30

(续)

功　能	格　式	备注与示例
正弦	#i=SIN[#j]	#100=SIN[#1] #100=COS[36.3+#2] #100=ATAN[[#1]/[#2]]
反正弦	#i=ASIN[#j]	
余弦	#i=COS[#j]	
反余弦	#i=ACOS[#j]	
正切	#i=TAN[#j]	
反正切	#i=ATAN[[#j]/[#k]]	
平方根	#i=SQRT[#j]	#100=SQRT[#1*#1-100] #100=EXP[#1]
绝对值	#i=ABS[#j]	
舍入	#i=ROUND[#j]	
上取整	#i=FIX[#j]	
下取整	#i=FUP[#j]	
自然对数	#i=LN[#j]	
指数函数	#i=EXP[#j]	
或	#i=#j OR #k	逻辑运算一位一位地按二进制执行
异或	#i=#j XOR #k	
与	#i=#j AND #k	
BCD 转 BIN	#i=BIN[#j]	用于与PMC的信号交换
BIN 转 BCD	#i=BCD[#j]	

（1）角度单位　函数 SIN、COS 等的角度单位是度，分和秒要换算成度。例如 90°30′表示为 90.5°，30°18′表示为 30.3°。

（2）宏程序数学计算的次序　依次为：函数运算（SIN、COS、ATAN 等），乘和除运算（ * 、 / 、AND 等），加和减运算（ + 、 − 、OR、XOR 等）。例如，"#1=#2+#3 * SIN［#4］;"执行时运算次序为：

1）函数 SIN［#4］。

2）乘运算#3 * SIN［#4］。

3）加运算#2+#3 * SIN［#4］。

（3）括号　用于改变运算次序。函数中的括号允许嵌套使用，但最多只允许嵌套 5 层。例如#1=SIN［［#2+#3］ * 4+#5/#6］。

（4）在宏程序中的上、下取整运算　数控系统处理数值运算时，若操作产生的整数大于原数时为上取整，反之则为下取整。

例：设#1=1.2，#2=−1.2；

执行#3=FUP［#1］时，1.0 赋给#3；执行#3=FIX［#1］时，2.0 赋给#3。

执行#3=FUP［#2］时，−2.0 赋给#3；执行#3=FIX［#2］时，−1.0 赋给#3。

3. 控制指令

控制指令起到控制程序流向的作用。

（1）分支语句

格式一：GOTO n;

例：GOTO 1000;

该例为无条件转移。当执行该程序段时，将无条件转移到 N1000 程序段执行。

格式二：IF［条件表达式］GOTO n;

例：IF［#1GT#100］GOTO 1000;

该例为有条件转移语句。如果条件成立，则转移到 N1000 程序段执行；如果条件不成立，则执行下一程序段。条件表达式的种类见表 2-9。

表 2-9　条件表达式的种类

条　件	意　义	示　例
#i EQ#j	等于(=)	IF[#5 EQ #6]GOTO 100
#i NE#j	不等于(≠)	IF[#5 NE #6]GOTO 100
#i GT#j	大于(>)	IF[#5 GT #6]GOTO 100
#i GE#j	大于或等于(≥)	IF[#5 GE #6]GOTO 100
#i LT#j	小于(<)	IF[#5 LT #6]GOTO 100
#i LE#j	小于或等于(≤)	IF[#5 LE #6]GOTO 100

（2）循环指令

WHILE［条件表达式］DO m（m＝1，2，3，…）；

……

END m；

当条件满足时，就循环执行 WHILE 与 END 之间的程序段；当条件不满足时，就执行"END m；"的下一个程序段。

4. 宏程序编程实例

【例 2-21】　已知毛坯是直径 $\phi30mm$ 的铝棒，试用宏程序编制图 2-61 所示椭圆零件的加工程序，其椭圆方程为 $X^2/13^2+Z^2/20^2=1$。

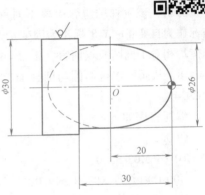

图 2-61　椭圆零件

编写程序如下：

O0021；

T0101；　　　　　　　　　调用 80°外圆粗车刀

M03 S500；

G00 G40 G99 X99.0 Z99.0；

X32.0 Z3.0；　　　　　　　循环起点

G71 U2.0 R1.0；

G71 P1 Q2 U0.5 W0.2 F0.3；

N1 G00 X−2.0；

G01 Z0 F0.1；

X0；

#1＝20.0；　　　　　　　　#1 是 Z 方向的变量,初值为 20, Z 坐标作为自变量

WHILE［#1 GE 0］DO1；　　当#1≥0 时执行循环 1,20、0 均相对于椭圆原点而言

#2＝13＊SQRT［400−#1＊#1］/20；　　#2 是 X 方向的变量, X 坐标作为因变量

G01 X[2＊#2] Z[#1−20]；　　因椭圆原点在工件坐标系 $Z-20$ 处,故 Z 坐标值为［#1−20］

#1＝#1−0.1；　　　　　　　步长为 0.1,该值越小,零件表面质量越好

END1；　　　　　　　　　　循环 1 结束

```
G01 Z-30.0;
N2 X32.0;
G00 X99.0 Z99.0;
T0202 M03 S1200;                    调用外圆精车刀
G00 G99 X99.0 Z99.0;
G42 X32.0 Z3.0;
G70 P1 Q2;
G00 G40 X99.0 Z99.0;
M30;
```

【例2-22】 已知毛坯是直径 $\phi40mm$ 的铝棒，试用宏程序编制图2-62所示阶梯轴的加工程序，其椭圆方程为 $X^2/6^2+Z^2/10^2=1$。

分析：该阶梯轴包含一段不对称的椭圆，仍然以 Z 坐标作为自变量，X 坐标作为因变量，椭圆上的 X、Z 坐标值均相对于椭圆原点而言，将 $Z=6$ 代入椭圆方程解得 $X=4.8$，从而可求得椭圆与圆柱面交点 A 的 X 方向坐标为29.4。

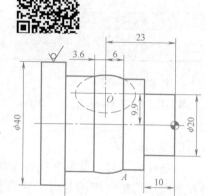

图2-62 阶梯轴（一）

编写程序如下：

```
O0022;
T0101 M03 S500;                     调用80°外圆粗车刀
G00 G40 G99 X99.0 Z99.0;
X41.0 Z3.0;
G71 U2.0 R1.0;
G71 P1 Q2 U0.5 W0.2 F0.3;
N1 G00 X-2.0;
G01 Z0 F0.1;
X20.0;
Z-10.0;
X29.4;                              (4.8+9.9)×2=29.4
#1=6.0;                             #1是 $Z$ 方向的变量，初值为6
WHILE [#1 GE-3.6] DO 1;            当#1≥-3.6时执行循环1
#2=6*SQRT [100-#1*#1] /10;         #2是 $X$ 方向的变量，由椭圆方程得到的函
                                   数关系
G01 X[19.8+2*#2] Z[#1-23];
#1=#1-0.1;
END 1;
G01 Z-36.0 F0.1;
N2 X40.0;
G00 X99.0 Z99.0;
```

T0202 M03 S1200；　　　　　　　　　调用外圆精车刀

G00 X99.0 Z99.0；

G42 X41.0 Z3.0；

G70 P1 Q2

G00 G40 X99.0 Z99.0；

M30；

【例 2-23】　已知毛坯是直径 $\phi 50$mm 的铝棒，试用宏程序编制图 2-63 所示阶梯轴的加工程序，其椭圆方程为 $X^2/24^2+Z^2/40^2=1$。

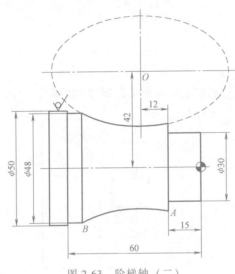

图 2-63　阶梯轴（二）

编写程序如下：

O00023；

T0101 M03 S500；　　　　　　　　　调用 80°外圆粗车刀

G00 G40 G99 X99.0 Z99.0；

X55.0 Z3.0；

G71 U2.0 R1.0；

G71 P1 Q2 U0.5 W0.2 F0.3；

N1 G00 X-2.0；

G01 Z0 F0.1；

X30.0；

Z-15.0；

X38.21；　　　　　　　　　　　　将 $Z=12$ 代入椭圆方程得 $X=22.895$，故 A 点 X 值为 $(42-22.895)\times 2=38.21$

#1=12.0；　　　　　　　　　　　　#1 是 Z 方向的变量，初值为 12

WHILE[#1 GE-26.458] DO1；　　　B 点在椭圆坐标系中的 X 值为 18，即 $42-48/2$，将 X 值代入椭圆方程得 $Z=26.458$

#2 = 24 * SQRT[1600-#1 * #1]/40；

G01 X[84-2＊#2] Z[#1-27]；

#1＝#1-0.1；

END1；

G01 Z-60.0 F0.1；

N2 X55.0；

G00 X99.0 Z99.0；

T0202 M03 S1200；　　　　　　　　　调用外圆精车刀

G00 G40 G99 X99.0 Z99.0；

G42 X55.0 Z3.0；

G70 P1 Q2；

G40 G00 X99.0 Z99.0；

M30；

【例2-24】　试用宏程序编制图2-64所示灯罩模具内曲面的加工程序。

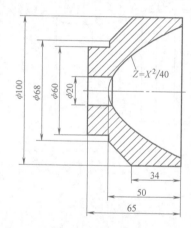

图2-64　灯罩模具

分析：抛物线方程式为 $Z=X^2/40$，以 Z 坐标作为自变量，X 坐标作为因变量，那么工件坐标系下方程式为 $Z=(X/2)^2/40-50$，可得出 $X=2＊\mathrm{SQRT}[[Z+50]＊40]$。

编写程序如下：

O0024；

T0202；　　　　　　　　　　　　　　内孔车刀

G00 G99 G40 X99.0 Z99.0；

M03 S800；

X18.0 Z5.0；

G71 U1.0 R0.5；

G71 P1 Q2 U-0.5 W0.1 F0.2；

N1 G00 X[2＊SQRT[40＊50]]；　　　精加工切削起点位于抛物线 X 坐标最大值处

#1＝0；　　　　　　　　　　　　　　Z 初值

#2＝2＊SQRT[40＊[#1+50]]；　　　X 初值，直径编程

G00 X#2；

G01 Z0 F0. 08；
WHILE［#1GE-47. 5］DO1；
#1＝#1-0. 5；
#2＝2*SQRT［40*［#1+50］］；
G01 X#2 Z#1；
END1；
N2 G01 X18.0；
G00 Z99. 0；
X99. 0；
T0202；
M03 S1000；
G41 G99 G00 X19. 0 Z5. 0；
G70 P1 Q2；　　　　　　　　　　精车循环
G40 G00 Z99. 0；
X99. 0；
M30；

第四节　FANUC 0i 数控车床仿真系统

一、机床的基本操作

1. 机床类型的选择

打开菜单"机床/选择机床…"，在"选择机床"对话框中，控制系统选择"FANUC-0i"，机床类型选择相应的机床，厂家及型号在下拉列表框中选择相应的型号，单击"确定"按钮，如图 2-65 所示。

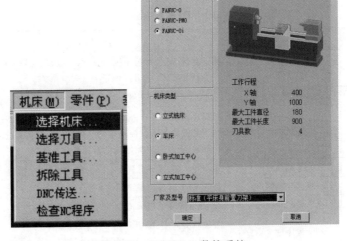

图 2-65　FANUC 0i 数控系统

2. 机床操作面板

机床操作面板主要由操作箱面板、MDI 键盘、紧急停止按钮（急停按钮）、主轴转速倍率开关和进给倍率开关等部分组成，如图 2-66 所示。

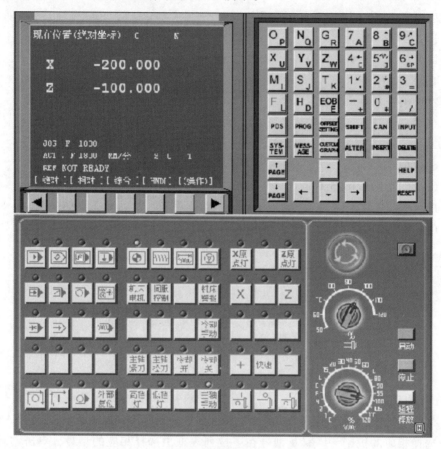

图 2-66　机床操作面板

MDI 键盘由数字键和功能键组成，其含义见表 2-10。

表 2-10　MDI 面板各键的含义

键	名　　称	功 能 说 明
RESET	复位键	按下此键，复位数控系统，包括取消报警、主轴故障复位、中途退出自动操作循环和输入、输出过程等
	地址和数字键	按下这些键，输入字母、数字和其他字符
INPUT	输入键	除程序编辑方式以外的情况，当面板上按下一个字母或数字键以后，必须按下此键才输入数控系统内。另外，与外部设备通信时，按下此键，才能启动输入设备，开始输入数据到数控系统内
CURSOR	光标移动键	用于在 CRT 屏幕界面上，移动当前光标
PAGE	页面变换键	用于 CRT 屏幕选择不同的界面
POS	位置显示键	在 CRT 屏幕上显示机床当前的坐标位置
PROG	程序键	在编辑方式下，编辑和显示在系统的程序 在 MDI 方式下，输入和显示 MDI 数据

（续）

键	名　称	功　能　说　明
OFFSET/SETTING	参数设置	刀具偏置数值和宏程序变量的显示和设定
CUSTOM/GRAPH	辅助图形	图形显示功能,用于显示加工轨迹
SYSTEM	参数信息键	显示系统参数信息
MESSAGE	错误信息键	显示系统错误信息
ALTER	替代键	用输入域内的数据替代光标所在的数据
DELETE	删除键	删除光标所在的数据
INSERT	插入键	将输入域之中的数据插入到当前光标之后的位置
CAN	取消键	取消输入域内的数据
EOB	回车换行键	结束一行程序的输入并且换行

（ALTER、DELETE、INSERT、CAN、EOB 对应"编辑键"）

　　CRT 屏幕主要用于显示机床坐标值、主轴转速、进给速度、加工程序、刀具号等信息，便于操作者实时监控机床状态。

　　3. 机床基本操作

　　（1）激活机床　按下"启动"按钮，松开急停按钮。

　　（2）机床回参考点　进入回原点模式，此时 CRT 屏幕左下角显示为"REF"模式。单击操作面板上的"X"按钮，再单击"+"按钮，此时 X 轴将回原点，X 轴回原点灯变亮。同理，使 Z 轴也回原点。此时 CRT 屏幕界面如图 2-67 所示。

　　（3）手动连续移动坐标轴　进入手动模式，CRT 屏幕左下角显示为"JOG"模式。单击"X""Z"键，选择移动的坐标轴；再单击"+""−"键，控制机床的移动方向。

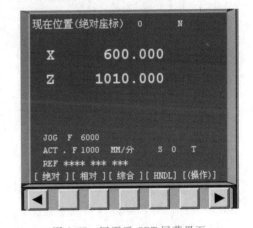

图 2-67　回零后 CRT 屏幕界面

　　（4）手动脉冲方式移动坐标轴　需精确调节机床时，可使用手动脉冲方式。具体操作如下：

　　1）单击操作面板上的"手动脉冲"按钮，进入手动脉冲方式，CRT 屏幕左下角显示为"HNDL"模式。

　　2）单击最右下角的按钮 ⊞，显示手轮。

　　3）移动鼠标，使光标移至"轴选择"旋钮，单击左键或右键，选择坐标轴。

　　4）移动鼠标，使光标移至"手轮进给速度"旋钮，单击左键或右键，选择合适的脉冲当量。

　　5）移动鼠标，使光标移至手轮，单击左键或右键，精确控制机床的移动。

　　6）单击 ▣ 按钮，可隐藏手轮。

　　（5）主轴转动　单击相应的按钮，控制主轴正转、反转和停止。

4. 装夹毛坯

FANUC 0i 数控车床仿真系统备有两种形状的毛坯供选择：圆柱形毛坯和 U 形毛坯。

（1）定义毛坯 选择菜单命令"零件/定义毛坯"，或在工具条上选择图标"⬜"，系统打开图 2-68 所示"定义毛坯"对话框。在该对话框中可以输入零件的名称，选择毛坯形状、材料以及零件尺寸等。

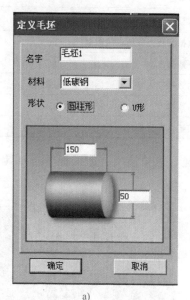
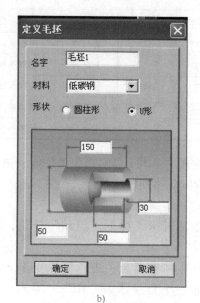

图 2-68 "定义毛坯"对话框
a）定义圆柱形毛坯 b）定义 U 形毛坯

（2）放置零件 选择菜单命令"零件/放置零件"，或者在工具条上单击按钮 🔧，选择定义好的零件，可将零件放置到卡盘上。

（3）调整零件位置 放置零件的同时，系统自动弹出一个小键盘，通过按动小键盘上的方向按钮，实现零件的平移或调头安装。选择菜单命令"零件/移动零件"也可以打开小键盘。退出小键盘，零件被夹紧。

5. 刀具的选择

选择菜单命令"机床/选择刀具"，或者单击工具条中按钮"🔩"，系统弹出刀具选择对话框。

1）在对话框中按照零件加工的需要依次选择好刀具，最多可定义 8 把刀，但平床身前置四方刀架只能定义 4 把刀。

2）对选择的刀具可以修改其刀尖半径和刀具长度的尺寸。

3）选择完刀具，双击 1 号刀位，并按"确认退出"键完成选刀，刀具将按所选刀位安装在刀架上，同时 1 号刀被放在当前位置。

4）把其他刀具放到当前位置的方法如下（以换 2 号刀为例）：

① 在 MDI 方式下，按下"PROG"键，出现图 2-69 所示窗口。

② 输入指令"T0202"，然后按下"INSERT"键，窗口如图 2-70 所示。

③ 按下"循环启动"键，完成换刀。

6. 项目文件的保存

仿真操作时，为了减少重复性工作，可将一些设置及加工零件的操作结果以项目文件的形式保存起来，其扩展名为".MAC"。项目文件的内容包括：机床、毛坯、经过加工的零件、选用的刀具和夹具、在机床上的安装位置和方式、工件坐标系、刀具长度和半径补偿数据、输入的数控程序等。

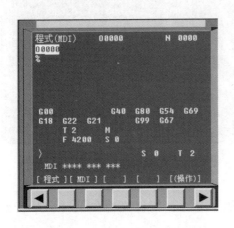

图 2-69 在 MDI 方式下未输指令

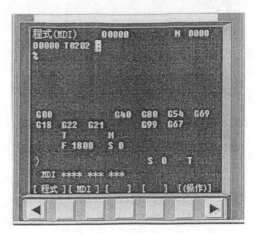

图 2-70 在 MDI 下输入换刀指令

保存项目时，系统自动以用户设定的文件名建立一个文件夹，内容都放在该文件夹之中，默认保存在用户工作目录相应的机床系统文件夹内。

二、机床对刀

数控程序一般按工件坐标系编程，对刀的过程就是建立工件坐标系与机床坐标系之间关系的过程。数控车床中通常将工件右端面中心点设为工件坐标系原点。

下面以此为例，说明数控车床对刀的操作。根据工件的特点，将工件上其他点设为工件坐标系原点的对刀方法与此类似。

1. 试切法对刀

（1）X 方向对刀

1）试切外圆。主轴正转，将刀具手动移动至图 2-71 所示位置，然后使用手轮移动刀具，沿 Z 轴负方向试切工件外圆，如图 2-72 所示。将刀具沿 Z 轴正方向移出工件（注意：刀具不可沿 X 方向移动）。

2）测量外圆直径。主轴停转，单击"测量"菜单下的"剖面图测量"选项，打开测量界面，选中试切外圆时所切线段，线段由红色变为黄色。记录对话框中对应"X"的 D 值。

3）输入试切直径 D。按下控制箱键盘上的"OFF-SET SETTING"键，单击 CRT 屏幕下方的"形状"软

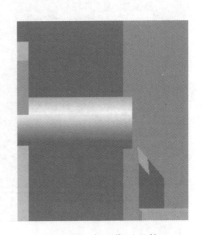

图 2-71 车刀靠近工件

键，打开刀具形状补正窗口，如图 2-73 所示：

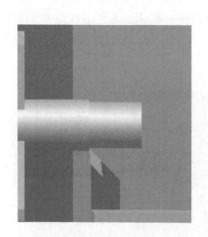

图 2-72 试切外圆

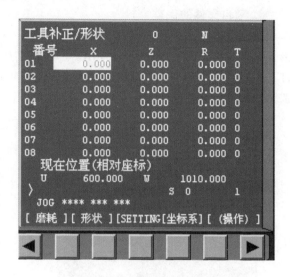

图 2-73 刀具形状补正窗口

将光标移动到该刀具对应的"X"栏内（如 1 号刀，就将光标移至"01"行对应
"X"下）。

然后在窗口中的 ▶ 按钮后输入"X"和直径值（例如"X46.38"），单击软键"测量"，
则系统自动计算刀具 X 向偏移值，并将该值存入光标所在"X"中，如图 2-74 所示。如果
输入格式错误，CRT 屏幕下方会提示"输入错误"。

（2）Z 方向对刀

1）试切端面。主轴正转，并将刀具移动至图 2-75 所示的位置，使用手轮移动刀具，沿
X 轴负方向试切工件端面，如图 2-76 所示。将刀具沿 X 轴正方向移出工件（注意：刀具不
可沿 Z 方向移动）。

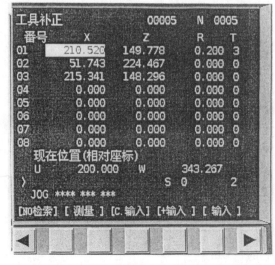

图 2-74 自动存入刀具 X 向偏置值

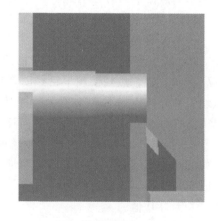

图 2-75 准备试切端面

2）输入 Z 值。主轴停转，打开形状补正窗口，将光标移动到该刀对应的"Z"栏内，然后输入 Z 值，单击"测量"软键，则系统自动计算刀具 Z 向偏移值，并将该值存入光标所在"Z"中。

例如，通常工件坐标系原点都建立在试切端面的中心上，所以就输入"Z0"，然后单击"测量"软键，就可得到该刀具的 Z 向偏置值。

（3）注意事项

1）对刀的目的是建立工件坐标系，而建立工件坐标系首先要建立机床坐标系，所以对刀前必须首先执行回参考点操作。

2）不同的刀具可灵活使用试切法对刀。例如螺纹刀对刀就可以采用 X、Z 方向同时对刀，如图 2-77 所示。这时保持刀具位置不变，分别输入试切直径值和 Z0，系统自动计算出刀具 X、Z 向偏置值。

图 2-76 试切端面

图 2-77 X、Z 方向同时对刀

2. 车床刀具补偿参数

车床的刀具补偿包括刀具的磨损量补偿参数和形状补偿参数，两者之和构成车刀偏置量补偿参数。

（1）输入磨损量补偿参数 刀具使用一段时间后磨损，会产生产品尺寸误差，因此需要对刀具设定磨损量补偿。步骤如下：

在键盘上按下"OFFSET SETTING"键，进入磨损补偿参数设定界面，也可单击"磨耗"软键进入。

如图 2-78 所示，将光标移动到刀具番号对应的所需补偿值栏，然后输入补偿值，单击软键"输入"或按键盘上的"INPUT"键，则系统自动将该值填入到光标所在位置。

（2）输入形状补偿参数 如果已知刀

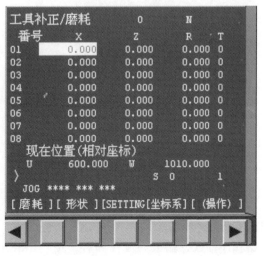

图 2-78 刀具磨损补偿窗口

具形状补偿参数，可以用同样的方法直接输入。

3. 输入刀尖半径和方位号

分别把光标移到 R 和 T，按数字键输入半径或方位号，单击软键"输入"即可。

三、程序数据处理

1. 数控程序导入

数控程序可以通过记事本或写字板等编辑软件输入，并保存为文本格式文件，也可直接用 FANUC 0i 系统的 MDI 键盘输入。

1）单击操作面板上的编辑键，进入编辑状态。

2）按下键盘上的"PROG"键，CRT 屏幕显示编辑界面。

3）单击"操作"软键，在出现的下级子菜单中单击软键 ▶，再单击"READ"软键，出现图 2-79 所示界面。

4）按下键盘上的数字/字母键，输入程序名"Ox"（x 为任意不超过四位的数字），并单击"EXEC"软键。

5）单击菜单"机床/DNC 传送"命令，在弹出的对话框（图 2-80）中选择所需的数控加工程序，单击"打开"按钮确认，则数控程序被导入并显示在 CRT 屏幕上。

2. 数控程序管理

（1）显示数控程序目录　按上述方法进入编辑界面，单击"LIB"软键，经过 DNC 传送的数控程序名显示在 CRT 屏幕上，如图 2-81 所示。

（2）选择一个数控程序　在编辑界面，利用键盘输入要选择的程序号"Ox"（x 为数控程序目录中显示的程序号），按"↓"键开始搜索，搜索到后，"Ox"显示在屏幕首行程序号位置，数控加工程序显示在屏幕上。

图 2-79　程式界面

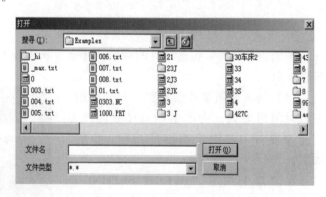

图 2-80　导入程序对话框

（3）删除一个数控程序　进入编辑状态，利用键盘输入"Ox"（x 为要删除的数控程序在目录中显示的程序号），按"DELETE"键，程序即被删除。

（4）新建一个数控程序　在编辑界面下，利用键盘输入"Ox"（x 为程序号，但不可以与已有程序号重复），按"INSERT"键，CRT 屏幕上显示一个空程序，可以通过 MDI 键盘开始程序输入。输入一段代码后，按"INSERT"键，输入域中的内容就显示在 CRT 屏幕上，用回车键结束一行的输入后换行。

（5）删除全部数控程序　在编辑界面下，利用键盘输入"O-9999"，按"DE-LETE"键，全部数控程序即被删除。

3. 程序编辑

在编辑界面下，选定了一个数控程序后，此程序显示在 CRT 屏幕上，可对其进行插入等编辑操作。

4. 程序导出

进入编辑状态，单击"操作"软键，在下级子菜单中单击软键 ▶，再单击"Punch"软键，在弹出的对话框中输入文件名、选择文件类型和保存路径，单击"保存"按钮，如图 2-82 所示，可将仿真系统中的数控程序导出。

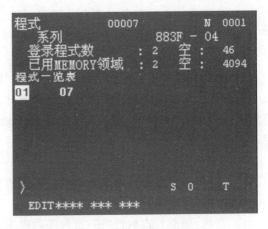

图 2-81　程式界面显示目录对话框

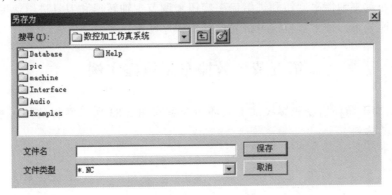

图 2-82　导出程序对话框

四、零件的自动加工

1. 检查运行轨迹

数控加工程序导入后，可检查运行轨迹。操作步骤如下：

转入自动加工模式，找到要运行的程序，程序显示在 CRT 屏幕上。按下"CUSTOM/GRAPH"键，进入检查运行轨迹模式。单击操作面板上的"循环启动"按钮，即可观察数控程序的运行轨迹。此时，也可通过"视图"菜单中的动态旋转、动态放缩、动态平移等方式，对三维运行轨迹进行全方位的动态观察。

2. 自动连续加工

（1）自动加工流程

1）检查机床是否回零，若未回零，先将机床回零。

2）导入数控程序或自行编写一段程序。

3）单击操作面板上的"自动运行"按钮。

4）单击操作面板上的"循环启动"按钮，程序开始执行。

（2）中断运行　数控程序在运行过程中可根据需要暂停、停止、急停和重新运行。

1）数控程序在运行时，单击"暂停（进给保持）"按钮，程序暂停执行，主轴仍在旋转，刀具停止进给，以便随时检查刀具位置和剩余移动量；再单击"循环启动"按钮，程序从暂停位置开始执行。

2）数控程序在运行时，单击"RESET"按钮，或者单击"急停"按钮，都会使数控程序中断运行，主轴停止旋转。刀具进行切削时，突然停止主轴旋转，容易打刀，除非遇到紧急情况，否则一般不做这种操作。要重新运行程序，需做一些调整，再从头开始执行程序。

3. 自动单段运行

单击操作面板上的"单节"按钮，其他操作同自动连续加工，就可进行自动单段运行。

在自动运行过程中应注意的事项有：

1）自动/单段方式执行每一行程序均需单击一次"循环启动"按钮。

2）单击"单节跳过"按钮，则程序运行时跳过符号"/"有效，该行成为注释行，不执行。

3）单击"选择性停止"按钮，则程序中 M01 有效。

4）可以通过主轴倍率旋钮和进给倍率旋钮来调节主轴转速和刀具进给速度。

5）编辑模式下，按下复位键可将光标移到程序开头。

第五节　数控车床编程实例

试用外圆加工循环指令和螺纹加工循环指令编写图 2-83 所示零件的加工程序，毛坯为直径 $\phi50\text{mm}$ 的棒料。

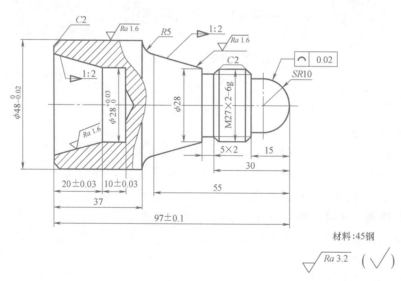

图 2-83　综合加工实例

1. 零件图样分析

零件主要包括圆弧、圆锥、螺纹、锥孔及倒角等结构，是一个典型的综合零件，最大外圆 $\phi48\text{mm}$ 尺寸要求较高，整体表面粗糙度要求较高，为 $Ra1.6\mu\text{m}$，圆弧面轮廓度公差要求为 0.02mm。无公差要求的长度尺寸，可按一般 $\pm0.2\text{mm}$ 公差加工。

2. 零件加工工艺分析

　　零件右端有圆弧、圆锥和螺纹，难以装夹，所以先加工好左端外圆和内孔，再加工右端。加工左端时，先精加工外圆尺寸，再完成内孔各项尺寸的加工。调头装夹时要找正左右端的同轴度。右端加工时，先完成圆弧和锥度的加工，切槽后再进行螺纹加工。注意：螺纹左端倒角的切削需要利用切槽刀右刀尖完成。弧度和锥度都有相应的要求，在加工锥度和圆弧时，只有进行刀尖圆弧半径补偿才能保证其要求。该零件装夹采用标准的自定心卡盘，但加工右端时，要用铜皮或者 C 形套包住左端已加工表面，防止卡爪夹伤表面。

3. 数控加工步骤

　　1）手工钻 ϕ26mm×35mm 底孔，预切除内孔余量。

　　2）粗车左端端面和外圆，留精加工余量 0.1~0.5mm。

　　3）精车左端各表面，达到图样要求，重点保证 ϕ48mm 外圆尺寸。

　　4）粗镗内孔，留精加工余量 0.1~0.5mm。

　　5）精镗内孔，达到图样各项要求。

　　6）调头装夹，找正夹紧。

　　7）粗车右端外圆表面，留精加工余量 0.1~0.5mm。

　　8）精车右端锥度和圆弧表面，螺纹大径车至 ϕ26.74mm，其余加工达到图样尺寸和几何公差要求。

　　9）车螺纹退刀槽并完成槽口倒角，刀宽 3mm。

　　10）螺纹粗、精加工达图样要求。

4. 参考程序

（1）零件左端程序（毛坯：ϕ50mm×100mm 的棒料；已经预钻 ϕ26mm×35mm 底孔）

O1；	
T0101；	换 1 号外圆车刀同时调用该刀具刀补
G00 G99 X99.0 Z99.0 M03 S600；	快移至换刀点，主轴正转
X52.0 Z3.0；	G71 循环起点
G71 U2.0 R1.0；	用 G71 粗、半精加工 ϕ48mm 外圆、端面及倒角
G71 P1 Q2 U0.6 W0.15 F0.3；	
N1 G00 G42 X26.0；	快移至精车起点
G01 Z0 F0.1；	开始精车
X44.0；	
X48.0 Z-2.0；	
Z-40.0；	
N2 G40 X52.0；	精车结束
M03 S1000；	
G70 P1 Q2；	用 G70 循环精车 ϕ48mm 外圆、端面及倒角
G00 X99.0 Z99.0；	快移至换刀点
T0404；	换内孔车刀
G00 G99 X99.0 Z99.0 M03 S600；	确认内孔车刀换刀点
X25.0 Z2.0；	快移至 G71 循环起点

G71 U1.5 R1.0;　　　　　　　　　　用 G71 复合循环粗、半精车锥孔及 φ28mm 内孔

G71 P3 Q4 U-0.5 W0.1 F0.25;

N3 G00 G41 X39.0;　　　　　　　　快移至锥孔延长线 X 坐标

G01 X28.0 Z-20.0 F0.07;　　　　　车锥孔

W-10.0;　　　　　　　　　　　　车 φ28mm 内孔

N4 G40 X25.0;

M03 S1000;

G70 P3 Q4;　　　　　　　　　　　精车内轮廓

G00 Z99.0;

X99.0;

M30;

（2）零件右端程序

O2;

T0101;　　　　　　　　　　　　　换 1 号外圆车刀,调用 1 号刀补

G00 G99 X99.0 Z99.0 M03 S600;　　快移至换刀点,主轴正转

X52.0 Z3.0;　　　　　　　　　　G71 循环起点

G71 U2.0 R1.0;　　　　　　　　　用 G71 复合循环粗、半精车右端外轮廓

G71 P1 Q2 U0.6 W0.15 F0.3;

N1 G00 G42 X-1.6;　　　　　　　　快移至精车起始点

G01 Z0 F0.1;　　　　　　　　　　开始精车

X0;

G03 X20.0 Z-10.0 R10.0;

G01 Z-15.0;

X22.74;

X26.74 W-2.0;

Z-35.0;

X28.0;

X38.0 Z-55.0;

G02 X48.0 W-5.0 R5.0;

N2 G01 G40 X52.0;　　　　　　　　精车结束

M03 S1200;

G70 P1 Q2;　　　　　　　　　　　精车右端外轮廓

G00 X99.0 Z99.0;　　　　　　　　回换刀点

T0202;　　　　　　　　　　　　　换切槽刀,刀宽 3mm

G00 G99 X99.0 Z99.0 M03 S500;　　确认 2 号刀换刀点

Z-33.0;　　　　　　　　　　　　快移至 G75 循环起点

X30.0;

G75 X23.1 Z-35.0 P4000 Q2000 F0.08;　　粗车退刀槽

G01 X27.0 Z-31.0;　　　　　　　　工进至反倒角起点

X23.0 W-2.0;　　　　　　　　　　车反倒角 C2

G04 P500;　　　　　　　　暂停 0.5s
Z-35.0;　　　　　　　　　精车退刀槽
G04 P500;
X30.0;
G00 X99.0;　　　　　　　　退至换刀点
Z99.0;
T0303;　　　　　　　　　　换外螺纹车刀
G00 G99 X99.0 Z99.0 M03 S500;　确认 3 号刀换刀点
X30.0 Z-10.0;　　　　　　快移至循环起点
G76 P021060 Q200 R0.05;　G76 复合循环车外螺纹
G76 X24.4 Z-32.0 P1299 Q500 F2.0;
G00 X99.0 Z99.0;
M30;

习　题　二

2-1　数控车削的加工对象有何特点？

2-2　切削用量选择的原则是什么？

2-3　数控车床的机床坐标系和工件坐标系通常是如何规定的？

2-4　轴类零件的装夹方法有哪些？各有何特点？

2-5　对不同的加工表面，如何确定刀具的进给路线？

2-6　在结构上数控车刀可分为哪几类？各有何特点？

2-7　刀具 T 功能如"T0204"的含义是什么？

2-8　对刀及刀具偏置补偿的意义是什么？以你能使用的数控车床（如 FANUC 数控车床、华中数控车床、广数数控车床等），说明刀具偏置值的意义。

2-9　简述 FANUC 0i 数控车床试切对刀的操作过程。

2-10　使用刀尖圆弧半径补偿的注意事项是什么？

2-11　已知毛坯是直径 φ25mm 的铝棒。试编写图 2-84 所示零件的加工程序并进行仿真加工。

2-12　已知毛坯是直径 φ25mm 的铝棒，切槽刀宽 3mm。试编写图 2-85 所示零件的加工程序并进行仿真加工。

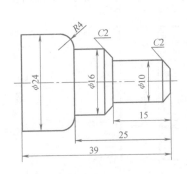

图 2-84　习题 2-11 图

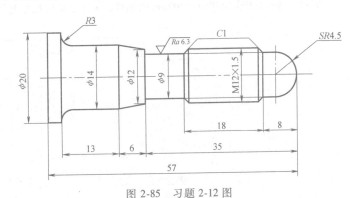

图 2-85　习题 2-12 图

2-13　已知毛坯是外径 φ40mm 的铝棒，割刀宽 3mm。试编写图 2-86 所示零件的加工程序。

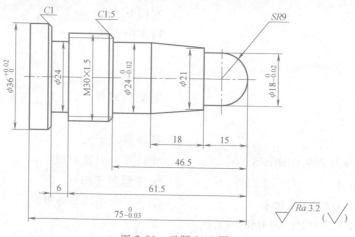

图 2-86 习题 2-13 图

2-14 已知毛坯是 $\phi 60mm×118mm$ 的铝棒，试制订正确的加工工艺，并利用宏程序编制图 2-87 所示零件的加工程序。

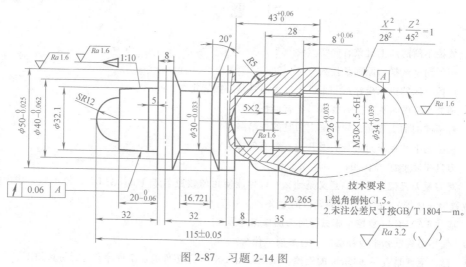

图 2-87 习题 2-14 图

2-15 已知毛坯是 $\phi 50mm×100mm$ 的铝棒，未注公差的尺寸允许误差为 ±0.07mm。试编写图 2-88 所示

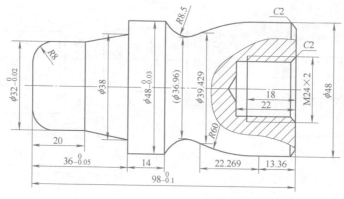

图 2-88 习题 2-15 图

零件的加工程序并进行仿真加工。

2-16 已知毛坯是 ϕ50mm 的铝棒，选用刀宽 3mm 的切槽刀，试用子程序编程加工图 2-89 所示梯形槽零件。

2-17 试用 G72 指令和 G70 指令编写图 2-90 所示内轮廓的加工程序（ϕ20mm 孔已钻好）。

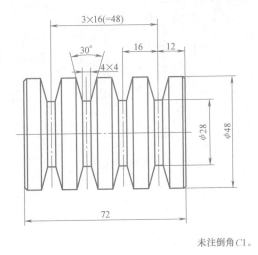

未注倒角C1。

图 2-89 习题 2-16 图

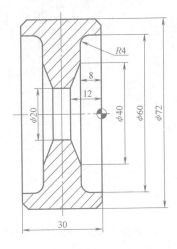

图 2-90 习题 2-17 图

2-18 已知毛坯是 ϕ40mm×78mm 的铝棒，试运用工艺尺寸链解算并控制轴向尺寸精度，编程并加工图 2-91 所示的零件。

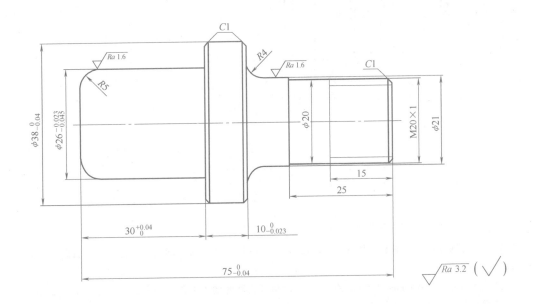

图 2-91 习题 2-18 图

2-19　已知毛坯是 $\phi40mm×102mm$ 的铝棒，未注公差的尺寸允许误差为 $±0.07mm$。编程并加工图 2-92 所示零件。

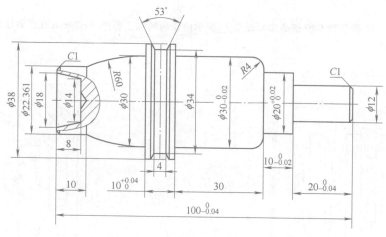

图 2-92　习题 2-19 图

2-20　已知毛坯是外径 $\phi50mm$ 的铝棒，编程并加工图 2-93 所示零件。

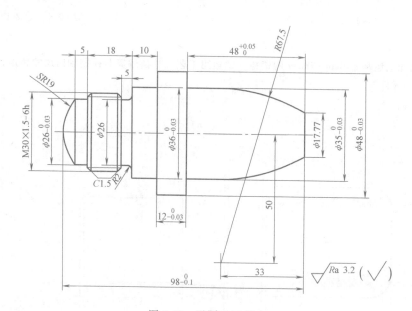

图 2-93　习题 2-20 图

2-21　综合练习题：已知毛坯是 $\phi50mm×160mm$ 的 45 钢，试采用正确的工艺，加工并装配图 2-94 所示组合件。

2-22　已知毛坯是 $\phi50mm×160mm$ 的 45 钢，请制订正确的加工工艺，编程、加工并装配图 2-95 所示组合件。各零件的技术要求：①锐边倒角 C0.3；②未注倒角 C1；③圆弧过渡光滑；④未注尺寸公差按 GB/T 1804—m 加工和检验。

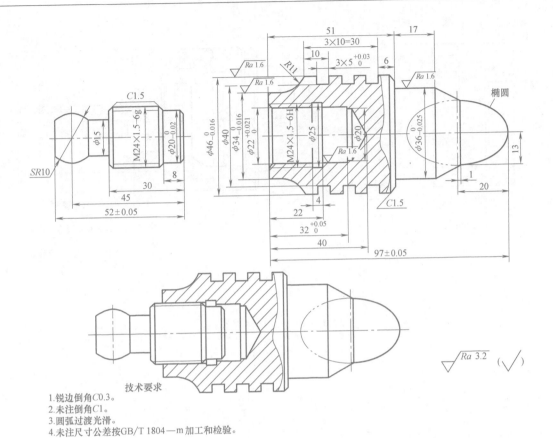

技术要求

1.锐边倒角C0.3。
2.未注倒角C1。
3.圆弧过渡光滑。
4.未注尺寸公差按GB/T 1804—m加工和检验。

图 2-94　习题 2-21 图

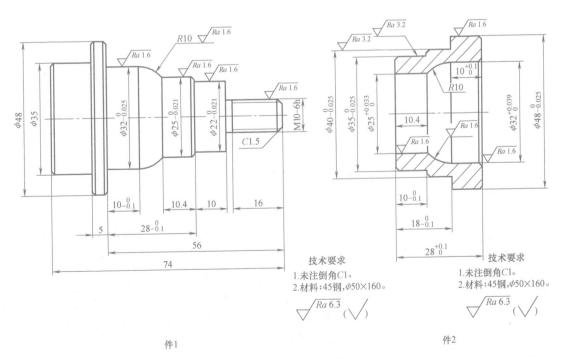

件1

技术要求
1.未注倒角C1。
2.材料:45钢,φ50×160。

件2

技术要求
1.未注倒角C1。
2.材料:45钢,φ50×160。

图 2-95　习题 2-22 图

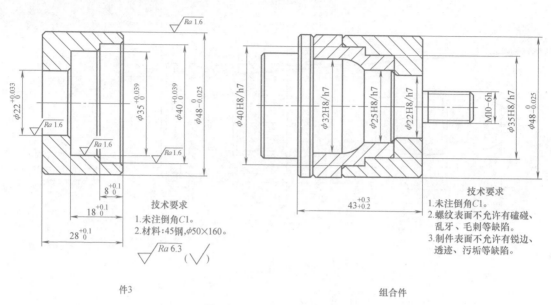

件3

技术要求

1.未注倒角C1。

2.材料:45钢,φ50×160。

组合件

技术要求

1.未注倒角C1。

2.螺纹表面不允许有磕碰、乱牙、毛刺等缺陷。

3.制件表面不允许有锐边、透迹、污垢等缺陷。

图 2-95　习题 2-22 图（续）

素养提升：大国工匠刘湘宾

第三章

数控铣床编程与操作

第一节　数控铣削加工工艺

一、数控铣削加工的主要对象

数控铣床以加工零件的平面、曲面为主，还能加工孔、内圆柱面和螺纹。铣削加工可使各个加工表面获得很高的形状及位置精度。

1. 平面类零件

被加工表面平行、垂直于水平面或加工面与水平面的夹角为定角的零件称为平面类零件。这类零件的被加工表面是平面或可以展开成平面。

对于垂直于坐标轴的平面，用数控铣床进行加工的加工方法与用普通铣床的加工方法一样。对于斜面，其加工可采用以下方法。

1）将斜面垫平加工。在零件不大或零件容易装夹的情况下采用这种方法。

2）用行切法加工。如图 3-1 所示，行切法会在行与行之间有残留余量，最后需要由钳工修锉平整。飞机上的整体壁板零件经常用该方法加工。

3）用五坐标数控铣床的主轴摆角加工。该方法没有残留余量，加工效果最好，如图 3-2 所示。

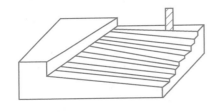

图 3-1　行切法加工斜面

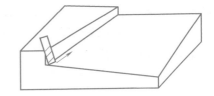

图 3-2　主轴摆角加工斜面

2. 变斜角类零件

被加工表面与水平面夹角呈连续变化的零件称为变斜角类零件。这类零件一般为飞机上的零部件（如飞机的大梁、桁架框等）以及与之相对应的检验夹具和装配支架上的零件。

变斜角零件不能展成平面，在加工中被加工表面与铣刀的圆周素线瞬间接触，其加工方法如下：

1）曲率变化较小的变斜角面用 X、Y、Z 和 A 四坐标联动的数控铣床加工，如图 3-3

所示。

2）曲率变化较大的变斜角面用 X、Y、Z 和 A、B 五坐标联动的数控铣床加工，如图 3-4 所示。也可以用鼓形铣刀采用三坐标方式铣削加工，如图 3-5 所示，所留刀痕由钳工修锉抛光去除。

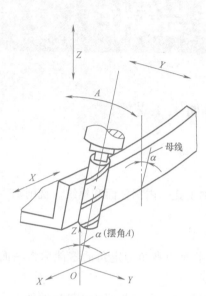

图 3-3　四坐标数控铣床加工变斜角零件

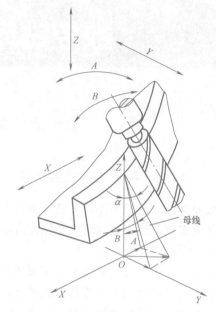

图 3-4　五坐标数控铣床加工变斜角零件

3. 曲面类零件

被加工表面为空间曲面的零件称为曲面类零件。曲面可以是公式曲面，如抛物面、双曲面等，也可以是列表曲面。

曲面类零件的被加工表面不能展开为平面，铣削加工时，被加工表面与铣刀始终是点对点接触。用三坐标数控铣床加工曲面类零件时，一般用球头铣刀采用行切法铣削加工，如图 3-6 所示。

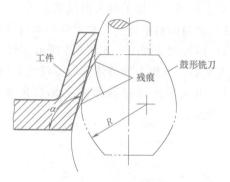

图 3-5　用鼓形铣刀分层铣削变斜角面

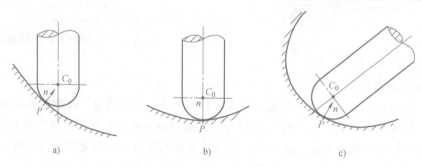

图 3-6　球头铣刀加工曲面零件

a）球头铣刀斜侧点切削零件　b）球头铣刀顶点切削零件　c）五坐标铣床加工零件

4. 孔类零件

孔类零件上常有多组不同类型的孔，如通孔、不通孔、螺纹孔、台阶孔、深孔等。数控铣床上加工的通常是孔的位置要求较高的零件，如圆周分布孔、行列均布孔等，一般采用钻孔、扩孔、铰孔、镗孔、锪孔、攻螺纹的加工方法。

二、数控铣削加工方式

数控铣削是一种应用非常广泛的数控切削加工方法。数控铣床一般是多轴联动，可以进行钻、扩、铰、镗、攻螺纹等孔的加工及铣削平面、台阶、槽等。

数控铣削与普通铣削的加工方式一样，可以分为周铣（图 3-7a）和端铣（图 3-7b），顺铣和逆铣，对称铣和不对称铣等。

1. 周铣

如图 3-7a 所示，用分布于铣刀圆柱面上的刀齿铣削工件表面称为周铣。周铣有顺铣和逆铣两种。

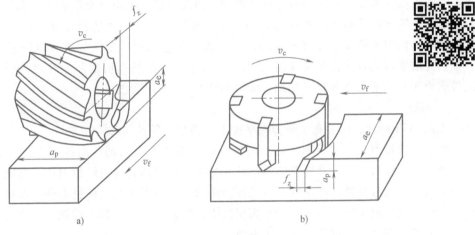

图 3-7　周铣和端铣
a）周铣　b）端铣

（1）顺铣　铣削时，铣刀切出工件时的切削速度方向与工件的进给方向相同，称为顺铣，如图 3-8a 所示。

（2）逆铣　铣削时，铣刀切入工件时的切削速度方向与工件进给方向相反，称为逆铣，如图 3-8b 所示。

（3）顺铣和逆铣的特点

1）铣削厚度变化的影响。逆铣时，刀齿的切削厚度由薄到厚。切削刃初接触工件时，由于侧吃刀量几乎为零，刃口先是在工件已加工表面上滑行，滑到一定距离，切削刃才能切入工件。刀齿

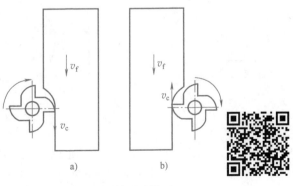

图 3-8　顺铣和逆铣
a）顺铣　b）逆铣
v_c—接触处刀具旋转线速度方向
v_f—工件进给方向

在滑行时对已加工表面的挤压，使工件表面产生冷硬层，同时工件表面粗糙度值增大，使切削刃磨损加剧。顺铣时，刀齿的切削厚度是从厚到薄，没有上述缺点。

2）切削力方向的影响。顺铣时，铣削力的纵向（水平）分力的方向与进给力方向相同。如果丝杠螺母传动副中存在背向间隙，当纵向分力大于工作台与导轨间的摩擦力时，会使工作台连同丝杠沿背隙窜动，从而使由螺纹副推动的进给运动变成了由铣刀带动的工作台窜动，引起进给量突然变化，影响工件的加工质量，严重时会使铣刀崩刃。逆铣时，铣削力纵向分力的方向与进给力方向相反，使丝杠与螺母能始终保持在螺纹的一个侧面接触，工作台不会发生窜动。顺铣时刀齿每次都是从工件外表面切入金属材料，所以不宜采用此种方式加工有硬皮的工件。

实际上，顺铣与逆铣相比，顺铣加工可以提高铣刀寿命2~3倍，工件表面粗糙度值较小，尤其在铣削难加工材料时，效果更加明显。但是，采用顺铣时，首先要求铣床有消除工作台进给丝杠螺母副间隙的机构，能消除传动间隙，避免工作台窜动；其次要求毛坯表面没有硬皮，工艺系统有足够的刚度。如果具备以上条件，应当优先考虑采用顺铣，否则应采用逆铣。数控铣床采用无间隙的滚珠丝杠传动，因此数控铣床均可采用顺铣加工。

总之，顺铣的功率消耗要比逆铣小，在同等切削条件下，顺铣功率消耗要比逆铣的低5%~15%，同时顺铣也更加有利于排屑。一般应尽量采用顺铣法加工，以提高被加工零件表面的光洁度（降低表面粗糙度值），保证尺寸精度。但是当切削面上有硬质层、积渣或者工件表面凹凸不平较显著时（如加工锻造毛坯），应采用逆铣。

2. 端铣

如图3-7b所示，用分布于铣刀端平面上的刀齿进行铣削称为端铣。

端铣法的特点是：主轴刚度好，切削过程中不易产生振动；面铣刀刀盘直径大，刀齿多，铣削过程比较平稳；面铣刀的结构使其易于采用硬质合金可转位刀片，而硬质合金材质的刀具可以采用较高的切削速度，所以铣削用量大，生产率高；面铣刀还可以利用修光刃获得较小的表面粗糙度值。目前，在平面铣削中，端铣基本上代替了周铣。但周铣可以加工成形表面和组合表面，而端铣只能加工平面。

端铣有三种切削方式，如图3-9所示。

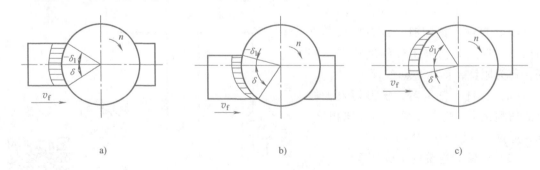

图3-9 端铣切削方式

a）对称铣削 b）不对称逆铣 c）不对称顺铣

（1）对称铣削 铣削时，工件位于铣刀中间，切入切出时的切削厚度均相同，如图3-9a所示。一般端铣多用此种铣削方式，尤其适用于铣削淬硬钢。

（2）不对称逆铣 铣削时工件偏在铣刀的进刀部分，切屑由薄变厚，如图3-9b所示。

用这种铣削方式加工碳钢与合金钢时，可减小切入冲击，提高刀具寿命。

（3）不对称顺铣　铣削时工件偏在铣刀的出刀部分，切屑由厚变薄，如图 3-9c 所示。它用于加工不锈钢和耐热合金钢，刀具寿命显著提高。

图 3-7 所示平行于铣刀轴线测量的切削层参数 a_p 为背吃刀量，垂直于铣刀轴线测量的切削层参数 a_e 为侧吃刀量，f_z 是每齿进给量。单独的周铣和端铣主要用于加工平面类零件，数控铣削中常用周铣、端铣组合加工曲面和型腔。

三、铣削用量的选择

1. 选择铣削用量的原则

铣削用量是铣削吃刀量、进给速度和切削速度的总称。所谓合理选择切削用量，是指在所选切削用量下，能充分利用刀具的切削性能和机床的动力性能，在保证加工质量的前提下，获得高生产率和低加工成本。

从高的生产率考虑，应该在保证刀具寿命的前提下，使吃刀量、进给速度、切削速度三者的乘积（即材料的去除率）最大。切削用量三要素中，任一要素的增加都会使刀具寿命下降，但是影响的大小是不同的，影响最大的是切削速度，其次是进给速度，最小的是吃刀量。为使生产率高且对刀具寿命下降影响最小，选择铣削用量的原则是：首先选择尽可能大的背吃刀量 a_p（端铣）或侧吃刀量 a_e（周铣），其次是确定进给速度，最后根据刀具寿命确定切削速度。

2. 切削用量的选定

（1）背吃刀量（端铣）或侧吃刀量（周铣）的选定　背吃刀量 a_p 为平行于铣刀轴线测量的切削层尺寸。端铣时，a_p 为切削层深度；而周铣时，a_p 为被加工表面的宽度。侧吃刀量 a_e 为垂直于铣刀轴线测量的切削层尺寸。端铣时，a_e 为被加工表面宽度；周铣时，a_e 为切削层深度。背吃刀量或侧吃刀量的选取主要由加工余量的多少和对表面质量的要求决定，如图 3-10 所示。以上参数可查阅切削用量手册。

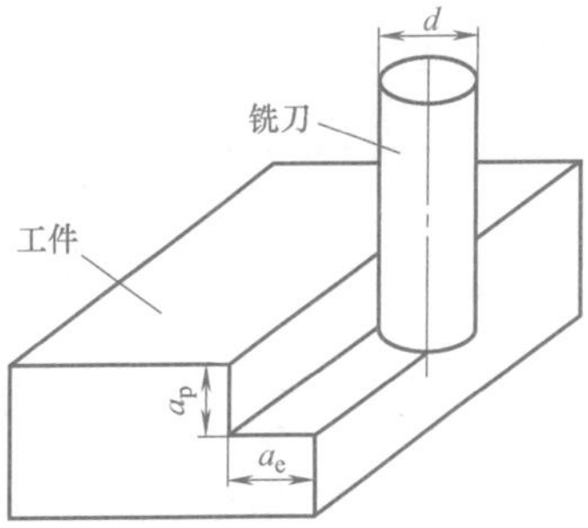

图 3-10　立铣刀的背吃刀量与侧吃刀量

铣削加工分为粗铣、半精铣和精铣。在机床动力足够（经机床动力校核确定）和工艺系统刚度许可的条件下，应选取尽可能大的吃刀量（端铣的背吃刀量 a_p 或周铣的侧吃刀量 a_e）。

当侧吃刀量 $a_e < d/2$（d 为铣刀直径）时，取 $a_p = (1/3 \sim 1/2)d$；当侧吃刀量满足 $d/2 \leqslant a_e < d$ 时，取 $a_p = (1/4 \sim 1/3)d$；当侧吃刀量 $a_e = d$（即满刀切削）时，取 $a_p = (1/5 \sim 1/4)d$。当机床的刚性较好，且刀具的直径较大时，a_p 可取得更大。

粗加工的铣削宽度一般取 $0.6 \sim 0.8$ 倍刀具的直径，精加工的铣削宽度由精加工余量确定（精加工余量一次性切削）。

一般情况下，在留出精铣和半精铣的余量 $0.5 \sim 2mm$ 后，其余的余量可作为粗铣吃刀量，尽量一次切除。半精铣吃刀量可选为 $0.5 \sim 1.5mm$，精铣吃刀量可选为 $0.2 \sim 0.5mm$。

（2）进给速度 v_f 的选定　进给速度 v_f 与每齿进给量 f_z 有关。进给速度 v_f 与铣刀每齿进给量 f_z、铣刀齿数 z 及刀具主轴转速 n（r/min）的关系为

$$v_f = z f_z n \tag{3-1}$$

粗加工时，每齿进给量 f_z 的选取主要取决于工件材料的力学性能、刀具材料和铣刀类型。工件材料强度和硬度越高，选取的 f_z 越小，反之则越大；同一类型的铣刀，采用硬质合金材料铣刀的每齿进给量 f_z 应大于高速钢铣刀；而对于面铣刀、圆柱铣刀、立铣刀，由于刀齿强度不同，其每齿进给量 f_z 值的选取，按面铣刀→圆柱铣刀→立铣刀的排列顺序依次递减。

精加工时，每齿进给量 f_z 的选取要考虑工件表面粗糙度的要求，表面粗糙度值越小，每齿进给量 f_z 越小。每齿进给量的确定可参考表3-1选取。

表3-1　各种铣刀每齿进给量

工件材料	每齿进给量 f_z/(mm/r·z)			
	粗铣		精铣	
	高速钢铣刀	硬质合金铣刀	高速钢铣刀	硬质合金铣刀
钢	0.10~0.15	0.10~0.25	0.02~0.05	0.10~0.15
铸铁	0.12~0.20	0.15~0.30		

（3）切削速度的选定　切削速度选定的原则是：切削速度值的大小应该与刀具寿命 T、背吃刀量 a_p、侧吃刀量 a_e、每齿进给量 f_z、刀具齿数 z 成反比，与铣刀直径成正比。此外切削速度还与工件材料、刀具材料、加工条件等因素有关。

铣削的切削速度可参考表3-2选取。

表3-2　铣削的切削速度

工件材料	铣削速度 v_c/(m/min)		工件材料	铣削速度 v_c/(m/min)	
	高速钢铣刀	硬质合金铣刀		高速钢铣刀	硬质合金铣刀
20钢	20~45	150~250	黄铜	30~60	120~200
45钢	20~45	80~220	铝合金	112~300	400~600
40Cr	15~25	60~90	不锈钢	16~25	50~100
HT150	14~22	70~100			

主轴转速 n（r/min）与铣削速度 v_c（m/min）及铣刀直径 d（mm）的关系为

$$n = \frac{1000 v_c}{\pi d} \tag{3-2}$$

四、数控铣床常用刀具

1. 数控铣床常用铣刀的种类

（1）面铣刀　面铣刀适用于加工平面，尤其适合加工大面积平面。主偏角为90°的面铣刀还能同时加工出与平面垂直的直角面，这个直角面的高度受到刀片长度的限制。面铣刀的主切削刃分布在外圆柱面或外圆锥面上，其端面上的切削刃为副切削刃。

面铣刀的直径一般较大，通常将其制成镶齿结构，即将其刀齿和刀体分开。刀齿是由硬质合金制成的可转位刀片，刀体的材料为40Cr。把刀齿夹固在刀体上，刀齿的一个切削刃用钝后，只需松开夹固件，直接在刀体上转换刀片的新切削刃或更换刀片后重新夹固，即可继续切削。目前,普遍使用的硬质合金铣刀片的规格有四边形和三角形的刀片。

面铣刀可用于粗加工,也可用于精加工。粗加工要求有较大的生产率,即要求有较大的铣削用量。为使粗加工时能取较大的切削深度、切除较大的余量,宜选较小的铣刀直径。精加工应能够保证加工精度,要求加工表面粗糙度值小,应该避免在精加工面上的接刀痕迹,所以精加工的铣刀直径要选大些,最好能包容加工面的整个宽度。

面铣刀齿数对铣削生产率和加工质量有直接影响,齿数越多,同时工作齿数也多,生产率高,铣削过程平稳,加工质量好。直径相同的可转位铣刀根据齿数的不同可分为粗齿、细齿、密齿三种。粗齿铣刀主要用于粗加工;细齿铣刀用于平稳条件下的铣削加工;密齿铣刀铣削时的每齿进给量较小,主要用于薄壁铸铁的加工。

(2) 立铣刀　立铣刀分为高速钢立铣刀和硬质合金立铣刀两种,主要用于加工沟槽、台阶面、平面和二维曲面(例如平面凸轮的轮廓)。习惯上用直径表示立铣刀名称。

立铣刀通常由 3~6 个刀齿组成。每个刀齿的主切削刃分布在圆柱面上,呈螺旋线形,其螺旋角为 30°~45°,这样有利于提高切削过程的平稳性及加工精度;刀齿的副切削刃分布在端面上,用来加工与侧面垂直的底平面。立铣刀的主切削刃和副切削刃可以同时进行切削,也可以分别单独进行切削。

根据其刀齿数目可将立铣刀分为粗齿立铣刀、中齿立铣刀和细齿立铣刀。粗齿立铣刀刀齿少、强度高、容屑空间大,适于粗加工;细齿立铣刀齿数多、工作平稳,适于精加工;中齿立铣刀的用途介于粗齿立铣刀和细齿立铣刀之间。

直径较小的立铣刀一般制成带柄的形式,可分为直柄($\phi 2$~$\phi 71$mm 立铣刀)、莫氏锥柄($\phi 6$~$\phi 63$mm 立铣刀)和锥度为 7:24 的锥柄($\phi 25$~$\phi 80$mm 立铣刀)三种。直径大于$\phi 40$~$\phi 60$mm 的立铣刀可做成套式结构。

(3) 键槽铣刀　键槽铣刀有两个刀齿,圆柱面上和端面上都有切削刃,兼有钻头和立铣刀的功能。端面刃延至圆中心,使键槽铣刀可以沿其轴向钻孔,加工到键槽的深度;又可以像立铣刀那样用圆柱面上的切削刃铣削出键槽长度。铣削时,用键槽铣刀先对工件钻孔,然后沿工件轴线铣出键槽全长。

(4) 模具铣刀　模具铣刀是由立铣刀发展而成的,其直径为 $\phi 4$~$\phi 63$mm,主要用于加工三维的模具型腔或凸凹模成形表面。模具铣刀通常有以下三种类型。

1) 圆锥形立铣刀,圆锥半角可为 3°、5°、7°、10°。例如记为 $\phi 10 \times 5°$ 的刀具,表示直径为 $\phi 10$mm、圆锥半角为 5° 的圆锥立铣刀。

2) 圆柱形球头立铣刀。例如 $\phi 12R6$ 的刀具,表示直径为 $\phi 12$mm 的球头立铣刀。

3) 圆锥形球头立铣刀。例如 $\phi 15 \times 7°R$ 的刀具,表示直径为 $\phi 15$mm、圆锥半角为 7° 的圆锥形球头立铣刀。

在模具铣刀的圆柱面(或圆锥面)和球头上都有切削刃,可以进行轴向和径向进给切削。铣刀的工作部分用高速钢或硬质合金制造。小尺寸的硬质合金模具铣刀制成整体结构;$\phi 16$mm 以上直径的模具铣刀可制成焊接结构或可转位刀片形式。模具铣刀的柄部形式有直柄、削平型直柄和莫氏锥柄三种。

(5) 鼓形铣刀　鼓形铣刀的切削刃分布在半径为 R 的中凸的鼓形外廓上,其端面无切削刃。铣削时控制铣刀的上下位置,从而改变切削刃的切削部位,可以在工件上加工出由负到正的不同斜角表面。鼓形铣刀常用于数控铣床加工立体曲面。R 值越小,鼓形铣刀所能加工的斜角范围越广，而加工后的表面粗糙度值也越大。鼓形刀具刃磨困难，切削条件差，而且不能加工有底的轮廓。

（6）成形铣刀 成形铣刀一般为专用刀具，是为某个工件或某项加工内容而专门制造（刃磨）的。图3-11所示为几种常见的成形铣刀，适用于加工特定形状的面和特定形状的孔、槽等。

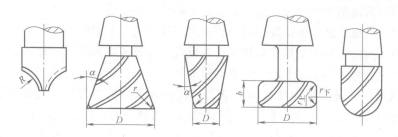

图 3-11 成形铣刀

2. 铣刀的选择

（1）根据加工表面的形状和尺寸选择刀具的种类及尺寸 例如加工较大的平面应选择面铣刀；加工凸台、凹槽和平面曲线轮廓可选用高速钢立铣刀，但高速钢立铣刀不能加工毛坯面，因为毛坯面的硬化层和夹砂会使刀具很快磨损；加工毛坯面可选用硬质合金立铣刀；加工空间曲面、模具型腔等多选用模具铣刀或鼓形铣刀；加工键槽可选用键槽铣刀；加工各种圆弧形的凹槽、斜角面、特殊孔等可选用成形铣刀。

（2）根据切削条件选用铣刀几何角度 在强力间断切削铸铁、钢等硬质材料时，应选用负前角铣刀；铸铁、碳素钢等软性钢材的连续切削应选用正前角铣刀。在铣削有台阶面的平面时，应选用主偏角为90°的面铣刀；铣削无台阶面的平面时，应选择主偏角为75°的面铣刀，以提高铣刀的使用寿命。

（3）立铣刀刀具参数的选择 立铣刀是数控铣削加工中常用的刀具，一般情况下，为减少进给次数和保证铣刀有足够的刚度，应选择直径较大的铣刀。但由于工件内腔狭窄、工件内廓形连接凹圆弧 r_{min} 较小等因素的限制，会将刀具限制为细长形，使其刚度降低。为解决这一问题，通常采取直径大小不同的两把铣刀分别进行粗、精加工，这时因粗铣铣刀直径过大，粗铣后在连接凹圆处的 r_{min} 值过大，精铣时再用直径为 $2r_{min}$ 的铣刀铣去留下的死角。

如图3-12所示，立铣刀端面刃圆角半径 r 一般应与零件图样底面圆角相等，但 r 值越大，铣刀端面刃铣削平面的能力越差，效率越低。当 r 等于立铣刀圆柱半径 R 时，就变成了球头铣刀。为提高切削效率，采用与上述类似的方法，用两把 r 值不同的铣刀，粗铣用 r 值较小的铣刀，对于粗铣后留下的余量，再用 r 等于零件图样底面圆角的精铣刀精铣（清根）。

3. 孔加工刀具

（1）钻孔刀具 钻孔一般用于扩孔、铰孔前的粗加工

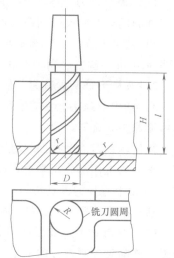

图 3-12 立铣刀加工中的参数

以及加工螺纹底孔。数控铣床常用的钻孔刀具有麻花钻、中心孔钻和可转位浅孔钻等。

1）麻花钻。麻花钻的钻孔精度一般在IT12左右，表面粗糙度Ra值为12.5μm。按刀具材料分类，麻花钻可分为高速钢钻头和硬质合金钻头；按柄部分类，麻花钻分为锥柄和直柄式，锥柄一般用于大直径钻头，直柄一般用于小直径钻头；按长度分类，麻花钻分为基本型和短、长、加长、超长等类型钻头。

在结构上，高速钢麻花钻由工作部分、柄部和颈部三部分组成。柄部用以夹持刀具。麻花钻的工作部分由切削部分和导向部分组成，前者担负主要的切削工作，后者起导向、修光和排屑作用，也是钻头重磨的储备部分。

2）中心孔钻。中心孔钻是专门用于加工中心孔的钻头。在数控铣床上钻孔时，刀具的定位是由数控程序控制的，不需要钻模导向。为保证加工孔的位置精度，在用麻花钻钻孔前，通常用中心孔钻划窝，或用刚性较好的短钻头划窝，以保证钻孔过程中的刀具引正，确保麻花钻的定位。

3）可转位浅孔钻。钻削直径为$\phi20 \sim \phi60$mm、孔的长径比小于3的中等直径浅孔时，可选用硬质合金可转位浅孔钻。该钻头切削效率和加工质量均优于麻花钻，最适于箱体零件的钻孔加工。可转位浅孔钻的结构是：刀体上有内冷却通道及排屑槽，刀体头部装有一组硬质合金刀片（刀片可以是正多边形、菱形、四边形）。为了提高刀具的使用寿命，常在刀片上涂镀碳化钛涂层。使用这种钻头钻箱体孔，比使用普通麻花钻效率可提高4~6倍。

（2）扩孔刀具　扩孔是对已钻出、铸（锻）出或冲出的孔的进一步加工。数控机床上扩孔多采用扩孔钻加工，也可以采用立铣刀或镗刀扩孔。扩孔钻结构与麻花钻相比，有以下特点：扩孔钻的切削刃较多，一般为3~4个切削刃，切削导向性好；扩孔钻扩孔加工余量小，一般为2~4mm；扩孔钻主切削刃短，容屑槽较麻花钻小，刀体刚度好；扩孔钻没有横刃，切削时轴向力小。

扩孔的加工质量和生产率均优于钻孔，扩孔对于预制孔的形状误差和轴线的歪斜有修正能力，其加工精度可达IT10，表面粗糙度Ra值为3.2~6.3μm。扩孔可用于孔的终加工，也可作为铰孔或磨孔的预加工。

（3）铰孔刀具　铰孔可对已加工孔进行微量切削。其合理的切削用量为：背吃刀量取为铰削余量（粗铰余量为0.15~0.35mm，精铰余量为0.05~0.15mm），采用低速切削（粗铰钢件为5~7m/min，精铰为2~5m/min），进给量一般为0.2~1.2mm/r，进给量太小会产生打滑和啃刮现象。同时铰孔时要合理选择切削液，在钢材上铰孔宜选用乳化液，在铸铁件上铰孔有时用煤油。

铰孔是一种孔的半精加工和精加工方法，其加工精度为IT6~IT9，表面粗糙度Ra值为0.4~1.6μm。但铰孔不能修正孔的位置误差，所以铰孔之前，孔的位置精度应该由上一道工序保证。

铰刀由工作部分、颈部和柄部组成，刀柄形式有直柄、锥柄和套式三种。铰刀的工作部分（即切削刃部分）又分为切削部分和校准部分。切削部分为锥形，承担主要的切削工作；校准部分包括圆柱和倒锥，圆柱部分主要起铰刀的导向、加工孔的校准和修光的作用，倒锥主要起减少铰刀与孔壁的摩擦和防止孔径扩大的作用。

数控铣床上铰孔所用刀具还有机夹硬质合金刀片单刃铰刀及浮动铰刀等。

（4）镗孔刀具　镗孔是使用镗刀对已钻出的孔或毛坯孔进一步加工的方法。镗刀的通用性较强，可以粗加工、精加工不同尺寸的孔，镗通孔、不通孔、阶梯孔，镗削同轴孔系、平行孔系等。粗镗孔的精度为 IT11～IT13，表面粗糙度 Ra 值为 $6.3～12.5\mu m$；半精镗的精度为 IT9～IT10，表面粗糙度 Ra 值为 $1.6～3.2\mu m$；精镗的精度可达 IT6，表面粗糙度 Ra 值为 $0.1～0.4\mu m$。镗孔具有修正形状误差和位置误差的能力。常用的镗刀有单刃镗刀、双刃镗刀和微调镗刀。

1）单刃镗刀。其与车刀类似，但刀具的大小受到孔径尺寸的限制，刚性较差，容易发生振动。因此，在切削条件相同时，镗孔的切削用量一般比车削小 20%。单刃镗刀镗孔生产率较低，但其结构简单，通用性好，因此应用广泛。

2）双刃镗刀。其两端有一对对称的切削刃同时参与切削。双刃镗刀可以消除背向力对镗杆的影响，增加了系统刚度，能够采用较大的切削用量，生产率高；工件的孔径尺寸精度由镗刀来保证，调刀方便。其缺点是刃磨次数有限，刀具材料不能充分利用。

3）微调镗刀。微调镗刀的径向尺寸可在一定范围内调整。为了提高镗刀的调整精度，在数控机床上常使用微调镗刀。这种镗刀的读数精度可达 0.01mm，其结构比较简单，刚性好。

4. 刀具的装夹

（1）刀片在刀体上的装夹（针对机夹可转位铣刀）　装夹时应注意：一是保证刀片在刀体上的定位，即刀片在转位或更换切削刃后径向误差在允差范围内；二是确保刀片、定位元件以及夹紧元件在切削过程中不松动和移位。具体的装夹方式与适量的位置调整根据所用刀具而定。

（2）铣刀在机床上的装夹　数控铣床的刀具由两部分组成，即刀柄和刀具本体。刀柄是机床主轴与刀具之间联接的工具，刀具必须装在统一的标准刀柄上，以便能够装在主轴和刀库上。刀柄与主轴孔的配合锥面一般采用 7：24 的锥度。因为这种锥度的刀柄不自锁，换刀方便，定心精度和刚度比直柄高。刀柄往主轴上装夹之前，要把拉钉与刀柄装配在一起，刀柄装在主轴上时，机床主轴内的碟簧给卡头施力，夹住拉钉，从而使刀柄固定在主轴上。

1）套式面铣刀的装夹。直径为 $\phi 50～\phi 160mm$ 以上的面铣刀，以其内孔和端面在刀柄上定位，用螺钉将铣刀固定在带端面键的刀柄上，由端面键传递力矩；直径大于 $\phi 160mm$ 的套式面铣刀用内六角螺钉固定在端面键传动接杆上。

2）带柄式铣刀的装夹。铣刀刀柄分为直柄和锥柄两种，锥柄铣刀主要是通过带有莫氏锥孔的刀柄过渡，通过刀柄将铣刀安装在主轴上；直柄铣刀是通过带有弹簧夹头的刀柄安装到主轴上，将直柄铣刀装入弹簧夹头并旋紧螺母。使用时应根据铣刀直柄的直径和与铣床主轴相联的铣刀柄内孔锥度，选择弹簧夹头的内孔尺寸和外锥。具体参数可查阅有关国家标准。

五、数控铣削加工工艺的制订

制订零件的数控铣削加工工艺是数控铣削加工的一项重要工作。数控铣削加工工艺制订的合理与否，直接影响到零件的加工质量、生产率和加工成本。制订数控铣削加工工艺时主要应解决以下几个问题。

1. 零件的工艺分析

对零件进行工艺分析的目的就是要读懂零件图，找出零件的重要加工表面及其精度

（尺寸、形状、位置）和表面质量要求，以此为主线，确定零件的定位基准、装夹方法及加工工艺，从而将零件的设计与加工紧密地结合起来。

2. 装夹方案的确定

（1）定位基准的选择　选择定位基准时，尽量做到在一次安装中能把零件上所有要加工的表面都加工出来，以减少装夹次数；尽量选用工件上不需数控铣削的平面和孔作为定位基准；尽量使定位基准与设计基准重合，以减少定位误差对尺寸精度的影响。

（2）夹具的选择　数控铣床可加工形状复杂的零件，因数控铣削是由程序控制刀具的运动，不需要利用夹具对刀和导向，所以数控铣床所用夹具只要求有工件的定位和夹紧功能，其结构一般比较简单。

夹具选用原则：单件或小批生产时，若零件复杂，应采用组合夹具；若零件结构简单，可采用通用夹具，如机用虎钳、压板。批量生产时，一般用专用夹具，其定位效率高，且定位稳定可靠。大量生产时，可采用多工位夹具、机动夹具，如液压夹具、气压夹具。

（3）工件的装夹方法　数控铣床上的工件装夹通常采用四种方法：①在机床工作台上按工件找正定位，用压板和T形螺栓夹紧工件；②工件用螺钉紧固在固定板上，按工件找正定位，在机床工作台上用压板和T形螺栓夹紧固定板，或用机用虎钳夹紧固定板；③使用机用虎钳、自定心卡盘等通用夹具装夹工件；④使用组合夹具、专用夹具等。

（4）工件在数控铣床上装夹的要求　工件在数控铣床上装夹时，除应满足对夹具的几点基本要求外，还应考虑以下两个方面。

1）装夹时应使工件的加工面充分暴露在外，同时要求夹紧机构元件的高度较低，以防止夹具与铣床主轴套筒或刀套、切削刃在加工时产生干涉而碰撞。

2）为保持零件安装方位与机床坐标系及编程坐标系方向的一致性，夹具在机床上应定向安装，该功能一般由夹具底座下的定位键完成。

（5）常用数控铣削夹具　数控铣削加工与加工中心加工的装夹方案、加工方式及夹具类型大同小异，在此只介绍几种通用的数控铣削夹具。

1）机床用虎钳。数控铣床常用夹具是机用虎钳。使用时，先把机用虎钳固定在工作台上，找正钳口，再把工件装夹在机用虎钳上。夹紧时，工件应紧密地靠在平行垫铁上，铣削力应指向固定钳口，工件高出钳口或伸出钳口两端距离应适量，以防铣削时产生振动。这种夹具装夹方便，应用广泛，适于装夹形状规则的小型工件。

2）压板装夹。压板装夹工件时所用工具比较简单，主要是压板、垫铁、T形螺栓及螺母。对中型、大型和形状比较复杂的零件，一般采用压板将工件紧固在数控铣床工作台台面上。

3）气动夹紧通用台虎钳。指可调支承钳口、气动夹紧通用台虎钳，适于批量生产。

4）万能分度头。分度头是数控铣床常用的通用夹具之一，通常将万能分度头作为机床附件，其主要作用是对工件进行圆周等分分度或不等分分度。许多机械零件（如花键等）在铣削时需要利用分度头进行圆周等分。利用万能分度头可把工件轴线装夹成水平、垂直或倾斜的位置，以便用两坐标联动加工斜面。

5）组合夹具。组合夹具是一种标准化、系列化程度很高的柔性化夹具，并已商品化，适合于单件小批量生产的中、小型工件的装夹，体现了与数控柔性加工相配套的夹具的柔性。

3. 加工工序的划分

（1）加工阶段　当零件的加工质量要求较高时，往往不可能用一道工序来满足其要求，而要用几道工序逐步达到所要求的加工质量。为保证加工质量和合理地使用设备、人力，零件的加工过程通常按工序性质不同，分为粗加工、半精加工、精加工和光整加工四个阶段。

（2）数控铣削加工工序的划分原则　在数控铣床上加工的零件，一般按工序集中原则划分工序，划分方法如下。

1）按所用刀具划分。以同一把刀具完成的那一部分工艺过程为一道工序。这种方法适用于工件的待加工表面较多，机床连续工作时间较长，加工程序的编制和检查难度较大等情况。用加工中心加工时常用这种方法划分工序。

2）按安装次数划分。以一次安装完成的那一部分工艺过程为一道工序。这种方法适用于加工内容不多的工件，加工完成后就能达到待检状态。

3）按粗、精加工划分。以粗加工中完成的那部分工艺过程为一道工序，精加工中完成的那一部分工艺过程为一道工序。这种划分方法适用于加工后变形较大，需粗、精加工分开的零件，如毛坯为铸件、焊接件或锻件的零件。

4）按加工部位划分。以完成相同型面的那一部分工艺过程为一道工序。对于加工表面多而复杂的零件，可按其结构特点（如内形、外形、曲面和平面等）划分成多道工序。

（3）数控铣削加工顺序的安排　数控铣削加工工序通常按下列原则安排：①基面先行原则；②先粗后精原则；③先主后次原则；④先面后孔原则。

（4）数控加工工序与普通工序的衔接　数控工序前后一般都穿插有其他普通工序，若衔接不好就容易产生矛盾，因此要解决好数控工序与非数控工序之间的衔接问题。最好的办法是建立相互状态要求，如要不要为后道工序留加工余量及留多少，定位面与孔的精度要求及几何公差等。其目的是达到相互满足加工需要，质量目标与技术要求明确，交接验收有依据。

4. 进给路线的确定

数控加工过程中刀具相对工件的运动轨迹和运动方向称为进给路线。进给路线对零件的加工精度和表面质量有直接的影响，因此，确定好进给路线是保证铣削加工精度和表面质量的工艺措施之一。进给路线的选择还应考虑以下几个方面问题。

（1）孔加工路线的确定

1）孔加工导入量与超越量。孔加工导入量是指在孔加工过程中，刀具自快进转为工进时，刀尖点位置与孔上表面之间的距离，如图 3-13 所示的 ΔZ。

孔加工导入量的具体值由工件表面的尺寸变化量确定，一般情况下取 2~10mm。当孔上表面为已加工表面时，导入量取较小值（约 2~5mm）。

对于孔加工的超越量（图 3-13 中 $\Delta Z'$），当钻不通孔时，超越量大于或等于钻尖高度 Z_p（$Z_p \approx 0.3D$）；镗通孔时，刀具超越量取 1~3mm；铰通孔时，刀具超越量取 3~5mm；钻通孔时，超越量等于 $Z_p+(1~3)$mm。

2）相互位置精度高的孔系的加工路线。对于位置精度要求较高的孔系加工，特别要注意孔的加工顺序的安排，避免将坐标轴的反向间隙带入，影响位置精度。

如图 3-14 所示孔系加工，若按 $A \rightarrow 1 \rightarrow 2 \rightarrow 3 \rightarrow 4 \rightarrow 5 \rightarrow 6 \rightarrow P$ 顺序安排加工进给路线，在加工 5、6 孔时，X 方向的反向间隙会使定位误差增加，而影响 5、6 孔与其他孔的位置精度。

而采用 $A \to 1 \to 2 \to 3 \to P \to 6 \to 5 \to 4$ 的进给路线，可避免反向间隙的引入，提高 5、6 孔与其他孔的位置精度。

3）孔系加工采用最短加工路线，提高效率。图 3-15 所示为最短加工路线选择。按照一般习惯，总是先加工均布于同一圆周上的一圈孔后，再加工另一圈孔（图 3-15a），但这不是最好的进给路线。若按图 3-15b 所示的进给路线加工，可使各孔间距的总和最小，进给路线最短，减少刀具空行程时间，从而节省定位时间。

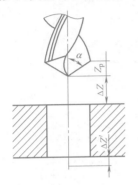

图 3-13　孔加工导入量与超越量

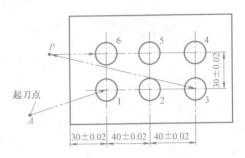

图 3-14　孔系加工路线

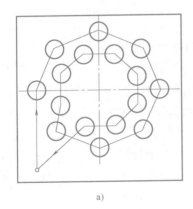

a)

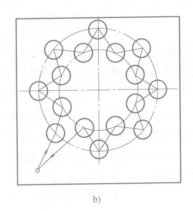

b)

图 3-15　最短加工路线选择

a）方案差　b）方案好

（2）铣削内外轮廓的进给路线　铣削平面零件外轮廓，一般采用立铣刀侧刃切削。刀具切入工件时，应避免沿零件外轮廓的法向切入，而应沿外轮廓曲线延长线的切线切入，以免在切入处产生接刀痕。沿切削起始点延伸线（图 3-16a）或轮廓切线方向（图 3-16b）逐渐切入工件，保证零件曲线的平滑过渡。同样，在切离工件时，也应避免在切削终点处直接抬刀，要沿着切削终点延伸线或轮廓切线方向逐渐切离工件。

铣削封闭的内轮廓表面同铣削外轮廓一样，刀具不能沿轮廓曲线的法向切入和切出。此时刀具可以沿一过渡圆弧切入切出工件轮廓。图 3-17 所示为铣削内轮廓的进给路线，R_1 为零件圆弧轮廓半径，R_2 为过渡圆弧半径。

在外轮廓加工中，由于刀具的运动范围比较大，一般采用立铣刀加工；而在内轮廓的加工中，如果没有预留（或加工出）孔时，一般用键槽铣刀进行加工。由于键槽铣刀一般为两刃刀具，比立铣刀的切削刃要少，所以在主轴转速相同的情况下其进给速度应比立铣刀进给速度小。

（3）铣削内槽的进给路线　图 3-18 所示为铣内槽的三种进给路线。

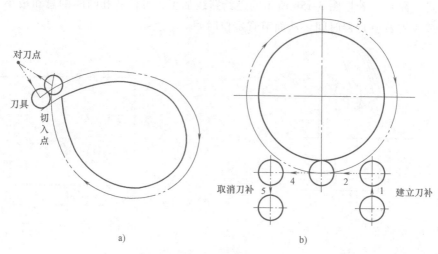

图 3-16　铣削外轮廓的进给路线

a）沿延伸线切入切出　b）沿轮廓切线切入切出

图 3-18a 和图 3-18b 所示分别为用行切法和环切法加工内槽。两种进给路线的共同点是都能切净内腔中全部面积，不留死角，不伤轮廓，同时尽量减少重复进给的搭接量。不同点是行切法的进给路线比环切法短，但行切法将在每两次进给的起点与终点间留下残留面积而达不到所要求的表面粗糙度值；用环切法获得的表面粗糙度值要小于行切法，但环切法需要逐次向外扩展轮廓线，刀位点计算较为复杂。综合二者的优点，可采用图 3-18c 所示的进给路线（即先用行切法切去中间部分余量，最后用环切法切一刀），既能使总的进给路线较短，又能获得较小的表面粗糙度值。

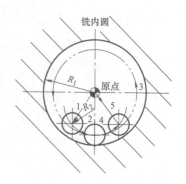

图 3-17　铣削内轮廓的
进给路线

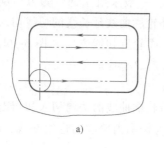 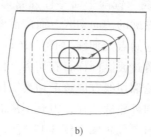 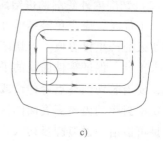

图 3-18　铣内槽的三种进给路线

a）行切法　b）环切法　c）先行切再环切

（4）铣削曲面的进给路线　对于边界敞开的曲面加工，可采用图 3-19 所示的两种进给路线。

对于发动机大叶片，当采用图 3-19a 所示的加工方案时，每次沿素线加工，刀位点计算简单，程序短，加工过程符合直纹面的形成，可以准确保证素线的直线度。当采用图 3-19b 所示的加工方案时，符合这类零件数据给出情况，便于加工后检验，叶形的准确度高，但程序较长。当曲面零件的边界是敞开的、没有其他表面限制时，曲面边界可以延伸，球头铣刀应由边界外开始加工。当边界不敞开，或有干涉曲面时，确定进给路线要另行处理。

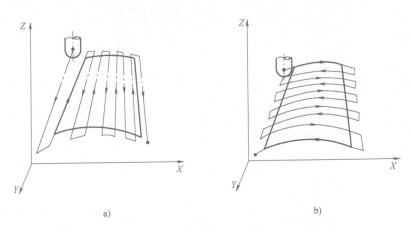

图 3-19　铣削曲面的两种进给路线

a）沿素线进给　b）沿曲面进给

总之，确定进给路线的原则是在保证零件加工精度和表面粗糙度的条件下，尽量缩短进给路线，以提高生产率。

5. Z 向加工深度

（1）钻孔深度　由于麻花钻头部为 118° 的锥形，所以在通孔钻削时不能按图上的尺寸进行编程，应该考虑其锥形的影响，一般再加上一个钻头的半径为宜，以保证能可靠钻通。通孔钻孔深度 $H = h$（孔深）$+ 0.5D$（钻头直径）。

（2）铣削深度　用键槽铣刀加工时，编程的铣削深度就按型腔深度确定。如果用立铣刀加工整个侧面，最后加工深度应考虑刀尖的倒角影响（一般铣刀在刀尖部位有 0.1 ～ 0.3mm 的倒角），通常铣削深度 $H = h$（侧深）$+ (0.5 \sim 1)$ mm。

（3）镗孔深度　精镗通孔时，为保证孔完全镗通，常取镗削深度 $H = h$（孔深）$+ (0.5 \sim 1)$ mm。

第二节　FANUC 0i 数控铣床典型编程指令

一、准备功能

准备功能 G 指令由地址字 G 及其后的一或两位数值组成，它用来规定刀具和工件的相对运动轨迹、机床坐标系、坐标平面、刀具补偿、坐标偏置等多种加工操作。准备功能是程序编制中的核心内容，必须熟练掌握这些基本功能的特点、使用方法，才能更好地编制加工程序。FANUC 0i 系统的准备功能 G 代码见表 3-3。

表 3-3 FANUC 0i 系统的准备功能 G 代码

G 代码	组别	功能	程序格式及说明
G00▲	01	快速点定位	G00 IP __;
G01		直线插补	G01 IP __ F __;
G02		顺时针圆弧插补	G02 IP __ F __;
G03		逆时针圆弧插补	G03 IP __ F __;
G04	00	暂停	G04 X1.5;或 G04 P1500;
G05.1		预读处理控制	G05.1;(接通) G05.0;(取消)
G07.1		圆柱插补	G07.1 IP1;(有效) G07.1 IP0;(取消)
G08		预读处理控制	G08 P1;(接通) G08 P0;(取消)
G09		准确停止	G09 IP __;
G10		可编程数据输入	G10 L50;(参数输入方式)
G11		可编程数据输入取消	G11;
G15▲	17	极坐标取消	G15;
G16		极坐标指令	G16;
G17▲	02	选择 XY 平面	G17;
G18		选择 ZX 平面	G18;
G19		选择 YZ 平面	G19;
G20	06	英制输入	G20;
G21▲		米制输入	G21;
G22▲	04	存储行程检测接通	G22 X __ Y __ Z __ I __ J __ K __;
G23		存储行程检测断开	G23;
G27	00	返回参考点检测	G27 IP __;(IP 为指定的参考点)
G28		返回参考点	G28 IP __;(IP 为经过的中间点)
G29		从参考点返回	G29 IP __;(IP 为返回的参考点)
G30		返回第 2、3、4 参考点	G30 P3 IP __;或 G30 P4 IP __;
G31		跳转功能	G31 IP __;
G33	01	螺纹切削	G33 IP __ F __;(F 为导程)
G37	00	自动刀具长度测量	G37 IP __;
G39	00	拐角偏置圆弧插补	G39;或 G39 I __ J __;
G40▲	07	刀具半径补偿取消	G40;
G41		刀具半径左补偿	G41 G01 IP __ D __;
G42		刀具半径右补偿	G42 G01 IP __ D __;
G40.1▲	18	法线方向控制取消	G40.1;
G41.1		左侧法线方向控制	G41.1;
G42.1		右侧法线方向控制	G42.1;
G43	08	正向刀具长度补偿	G43 G01 Z __ H __;
G44		负向刀具长度补偿	G44 G01 Z __ H __;

（续）

G 代码	组别	功能	程序格式及说明
G45	00	刀具位置偏置加	G45 IP __ D __ ;
G46		刀具位置偏置减	G46 IP __ D __ ;
G47		刀具位置偏置加 2 倍	G47 IP __ D __ ;
G48		刀具位置偏置减 2 倍	G48 IP __ D __ ;
G49▲	08	刀具长度补偿取消	G49;
G50▲	11	比例缩放取消	G50;
G51		比例缩放有效	G51 IP __ P __ ;或 G51 I __ J __ K __ P __ ;
G50.1▲	22	可编程镜像取消	G50.1 IP __ ;
G51.1		可编程镜像有效	G51.1 IP __ ;
G52	00	局部坐系设定	G52 IP __ ;（IP 以绝对值指定）
G53		选择机床坐标系	G53 IP __ ;
G54▲	14	选择工件坐标系 1	G54;
G54.1		选择附加工件坐标系	G54.1 Pn;（n:取 1~48）
G55		选择工件坐标系 2	G55;
G56		选择工件坐标系 3	G56;
G57		选择工件坐标系 4	G57;
G58		选择工件坐标系 5	G58;
G59		选择工件坐标系 6	G59;
G60	00	单方向定位方式	G60 IP __ ;
G61	15	准确停止方式	G61;
G62		自动拐角倍率	G62;
G63		攻螺纹方式	G63;
G64▲		切削方式	G64;
G65	00	宏程序非模态调用	G65 P __ L __ 〈自变量指定〉;
G66	12	宏程序模态调用	G66 P __ L __ 〈自变量指定〉;
G67▲		宏程序模态调用取消	G67;
G68	16	坐标系旋转	G68 IP __ R __ ;
G69▲		坐标系旋转取消	G69;
G73	09	深孔钻循环	G73 X __ Y __ Z __ R __ Q __ F __ ;
G74		攻左旋螺纹循环	G74 X __ Y __ Z __ R __ P __ F __ ;
G76		精镗孔循环	G76 X __ Y __ Z __ R __ Q __ P __ F __ ;
G80▲		固定循环取消	G80;
G81		钻孔、锪、镗孔循环	G81 X __ Y __ Z __ R __ F __ ;
G82		钻孔循环	G82 X __ Y __ Z __ R __ P __ F __ ;
G83		深孔循环	G83 X __ Y __ Z __ R __ Q __ F __ ;
G84		攻右旋螺纹循环	G84 X __ Y __ Z __ R __ P __ F __ ;

（续）

G 代码	组别	功能	程序格式及说明
G85	09	镗孔循环	G85 X __ Y __ Z __ R __ F __;
G86		镗孔循环	G86 X __ Y __ Z __ R __ P __ F __;
G87		背镗孔循环	G87 X __ Y __ Z __ R __ Q __ F __;
G88		镗孔循环	G88 X __ Y __ Z __ R __ P __ F __;（手动返回）
G89		镗孔循环	G89 X __ Y __ Z __ R __ P __ F __;
G90▲	03	绝对值编程	G90 G01 X __ Y __ Z __ F __;
G91		增量值编程	G91 G01 X __ Y __ Z __ F __;
G92	00	设定工件坐标系	G92 IP __;
G92.1		工件坐标系预置	G92.1 X0 Y0 Z0
G94▲	05	每分钟进给	单位为 mm/min
G95		每转进给	单位为 mm/r
G96	13	恒线速度	G96 S200;（200m/min）
G97▲		每分钟转速	G97 S800;（800r/min）
G98▲	10	固定循环返回初始点	G98 G81 X __ Y __ Z __ R __ F __;
G99		固定循环返回 R 点	G99 G81 X __ Y __ Z __ R __ F __;

注：带"▲"的 G 代码为开机默认代码。

1. 与坐标、坐标系有关的功能指令

（1）工件坐标系零点偏移及取消指令 G54～G59、G53

1）格式：G54/G55/G56/G57/G58/G59；程序中设定工件坐标系零点偏移

G53；程序中取消工件坐标系设定，即选择机床坐标系

2）说明：工件坐标系原点通常通过零点偏置的方法来进行设定，其设定过程为找出装夹后工件坐标系的原点在机床坐标系中的绝对坐标值（图 3-20 中的 $-a$、$-b$ 和 $-c$ 值），将这些值通过机床面板操作输入机床偏置存储器参数（这种参数有 G54～G59 共计 6 个）中，从而将机床坐标系原点偏置至工件坐标系原点。

零点偏置设定工件坐标系的实质就是在编程与加工之前让数控系统知道工件坐标系在机床坐标系中的具体位置。通过这种方法设定的工件坐标系，只要不对其进行修改、删除操作，该工件坐标系将永久保存，即使机床关机，其坐标系也将保留。

一般通过对刀操作及对机床面板的操作，输入不同的零点偏置数值，可以设定 G54～G59 共 6 个不同的工件坐标系。在编程及加工过程中可以通过 G54～G59 指令来选择不同的工件坐标系，如图 3-21 所示。

工件坐标系的设定可采用输入每个坐标系距机械原点的 X、Y、Z 轴的距离（X，Y，Z）来实现。如图 3-21 所示，分别设定 G54 和 G59 时可用下列方法。

G54：X_1、Y_1、Z_1

G59：X_2、Y_2、Z_2

（2）工件坐标系设定指令 G92

1）格式：G92 X __ Y __ Z __;

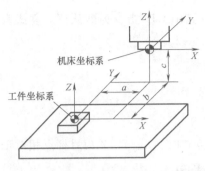

图 3-20　设定工件坐标系零点偏移

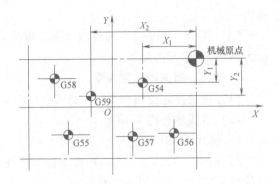

图 3-21　工件坐标系设定

2）说明：其中 X、Y、Z 为刀具当前位置相对于新设定的工件坐标系的新坐标值。

通过 G92 指令设定的工件坐标系位置，实际上可由刀具的当前位置及 G92 指令后的坐标值反推得出。

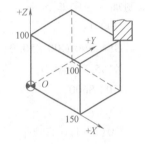

采用 G92 指令设定的工件坐标系，不具有记忆功能，当机床关机后，设定的坐标系即消失。因此，用 G92 指令设定坐标系的方法通常用于单件加工。此外，在执行该指令前，必须将刀具的刀位点先通过手动方式准确地移动到新坐标系的指定位置点，操作步骤较多。因此，新的系统大多数不采用 G92 指令来设定工件坐标系。

例如，图 3-22 中将工件坐标系设为 O 点的指令为：G92 X150.0 Y100.0 Z100.0;

图 3-22　G92 设定
工件坐标系

（3）绝对坐标与相对坐标编程指令 G90、G91

1）格式：G90；

G91；

2）说明：G90 指令表示绝对值编程，每个编程坐标轴上的编程值是相对于程序原点的。G91 指令表示增量值编程，每个编程坐标轴上的编程值是相对于前一位置而言的，该值等于沿轴向移动的距离。G90、G91 指令为模态功能，可相互注销，其中 G90 指令为默认值。

选择合适的编程方式可简化编程。当图样尺寸由一个固定基准给定时，采用绝对方式编程较为方便。当图样尺寸是以轮廓顶点之间的间距给出时，则采用增量方式编程较为方便。

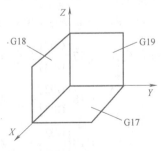

（4）坐标平面选择指令 G17、G18、G19　平面选择指令 G17、G18、G19 用来指定程序段中刀具的圆弧插补平面和刀具半径补偿平面。在笛卡儿直角坐标系中，三个互相垂直的轴 X、Y、Z 构成三个平面，如图 3-23 所示，G17 指令表示选择在 XY 平面内加工，G18 指令表示选择在 ZX 平面内加工，G19 指令表示选择在 YZ 平

图 3-23　执行 G17、G18、G19
指令所选择的平面

面内加工。

G17、G18、G19 指令为模态功能，可相互注销，其中 G17 指令为默认值。立式数控铣床大都在 XY 平面内加工。

2. 与插补有关的功能指令

（1）快速点定位指令 G00　格式：G00 X __ Y __ Z __ ;

（2）直线插补指令 G01

1）格式：G01 X __ Y __ Z __ F __ ;

2）说明。X、Y、Z 为目标点坐标。当使用增量方式时，X、Y、Z 为目标点相对于起始点的增量坐标，不运动的坐标可以不写。

【例3-1】　在立式数控铣床上，按图 3-24 所示的进给路线铣削工件上表面，已知主轴转速为 600r/min，进给速度为 200mm/min。试编制加工程序。

建立如图 3-24 所示工件坐标系，编制加工程序如下：

```
O0001;
G54 G90 G00 Z50.0;
X155.0 Y40.0;            ①
M03 S600;
Z5.0;                    ②
G01 Z-1.0 F200;          ③
X-155.0;                 ④
G00 Y-40.0;              ⑤
G01 X155.0;              ⑥
G00 Z50.0;               ⑦
X250.0 Y180.0;           ⑧
M30;
```

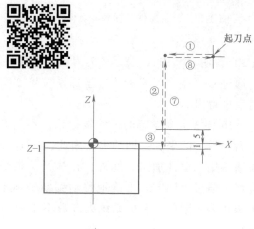
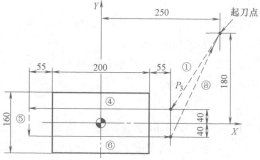

图 3-24　刀具进给路线

延伸思考：选用什么刀具完成以上的加工？刀具尺寸最小是多少？

（3）圆弧插补指令 G02/G03

1）格式：

$$G17 \begin{Bmatrix} G02 \\ G03 \end{Bmatrix} X \_\_ Y \_\_ \begin{Bmatrix} R \_\_ \\ I \_\_ J \_\_ \end{Bmatrix} F \_\_ ;$$

$$G18 \begin{Bmatrix} G02 \\ G03 \end{Bmatrix} Z \_\_ X \_\_ \begin{Bmatrix} R \_\_ \\ K \_\_ I \_\_ \end{Bmatrix} F \_\_ ;$$

$$G19 \begin{Bmatrix} G02 \\ G03 \end{Bmatrix} Y \_\_ Z \_\_ \begin{Bmatrix} R \_\_ \\ J \_\_ K \_\_ \end{Bmatrix} F \_\_ ;$$

2）说明。

① G17、G18、G19 为圆弧插补平面选择指令，以此来决定加工表面所在的平面，G17

可省略。

② X、Y、Z 为圆弧切削终点的坐标值（用绝对值坐标或增量坐标均可）。采用相对坐标时，为圆弧终点相对于圆弧起点的增量值（等于圆弧终点的坐标减去圆弧起点的坐标）。

③ I、J、K 分别表示圆弧圆心相对于圆弧起点在 X、Y、Z 轴上的投影增量（等于圆心的坐标减去圆弧起点的坐标），与前面定义的 G90 或 G91 无关。I、J、K 为零时可省略。

④ R 为圆弧半径。

⑤ F 规定圆弧切向的进给速度。

3）圆弧顺逆的判断。G02 为顺时针圆弧插补指令，G03 为逆时针圆弧插补指令。因加工零件均为立体的，在不同平面上圆弧切削方向（G02 或 G03）如图 3-25 所示。其判断方法为：在笛卡儿右手直角坐标系中，从垂直于圆弧所在平面坐标轴的正方向往负方向看，顺时针用 G02 指令，逆时针用 G03 指令。

4）非整圆编程（±R 编程）。用圆弧半径 R 编程时，数控系统为满足插补运算需要，规定当所插补圆弧的圆心角小于或等于 180°时，R 取正值；当圆弧所对应的圆心角大于 180°时，R 取负值。

如图 3-26 所示，P_0 是圆弧的起点，P_1 是圆弧的终点。对于一个相同数值 R，则有 4 种不同的圆弧通过这两个点，其编程格式如下：

圆弧 1：G02 X __ Y __ R- __ ;

圆弧 2：G02 X __ Y __ R+ __ ;

圆弧 3：G03 X __ Y __ R+ __ ;

圆弧 4：G03 X __ Y __ R- __ ;

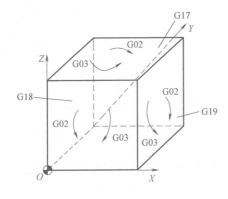

图 3-25　不同平面的 G02 与 G03 选择

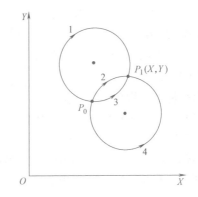

图 3-26　四种不同的圆弧

5）整圆编程。若用半径 R 编程加工整圆，由于存在无限个解，数控系统将显示圆弧编程出错报警，所以对整圆插补只能用给定的圆心坐标即 I、J、K 编程，而不能出现半径 R。

（4）任意角度倒角及拐角圆弧简化编程功能　FANUC 0i 及以上版本的数控系统，在直线插补与圆弧插补任意组合的程序段之间可以自动地插入倒角及拐角圆弧过渡程序段。

1）指令格式：

G17 G01 X __ Y __ ,C __ F __ ; G17 G02/G03　X __ Y __ R, C __ F __ ;　倒角

G17 G01 X __ Y __ ,R __ F __ ; G17 G02/G03　X __ Y __ R, R __ F __ ;　拐角圆弧过渡

2）说明：上面的指令加在直线插补（G01）或者圆弧插补（G02/G03）程序段的末尾时，加工中在拐角处自动地加上倒角或者圆弧过渡。倒角和拐角圆弧过渡的程序段可以连续指定。

在 C 之后，指定从虚拟拐点到拐角起点或终点的距离，虚拟拐点是假定不执行倒角的话实际存在的拐角点。在 R 之后，指定拐角圆弧的半径。

例如：G17 G01 X10.0 Y10.0 F200；

　　　X30.0，C5.0；

　　　Y25.0，R8.0；

　　　G03 X50.0 Y50.0 R20.0，R5.0；

　　　G01 X10.0，C5.0；

　　　Y10.0；

延伸思考：试画出执行以上程序刀具的运行轨迹。

【例 3-2】 用 G02、G03 指令对图 3-27 所示圆弧进行编程，设刀具从 A 点开始沿 A→B→C 切削。

用绝对值尺寸指令编程如下：

O00002；

G54 G90 G00 Z20.0；

X200.0 Y40.0；

M03 S600；

Z5.0；　　　　　　　　　　安全高度

G01 Z-1.0 F100；　　　　　下刀

G03 X140.0 Y100.0 I-60.0 J0.0；　铣 AB 弧

G02 X120.0 Y60.0 R50.0；　铣 BC 弧

G00 Z20.0；　　　　　　　　抬刀

X0.0 Y0.0；

M30；

用增量尺寸指令编程如下：

G91 G03 X-60.0 Y60.0 I-60.0 J0 F100；

G02 X-20.0 Y-40.0 I-50.0 J0；

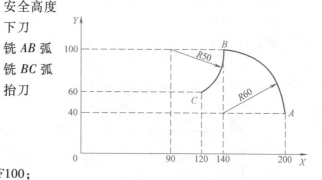

图 3-27　G02/G03 实例

【例 3-3】 使用 G02/G03 指令对图 3-28 所示的整圆编程（刀具中心轨迹编程）。

以 A 点为起点顺时针一周的程序如下：

O1；

G54 G90 G00 Z50.0；

X35.0 Y35.0；

M03 S1000；

Z5.0；

X30.0 Y0；

G01 Z-2.0 F150

G02 I-30；

G00 Z50.0；

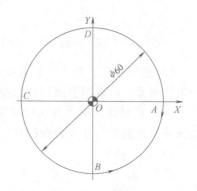

图 3-28　整圆编程

X35.0 Y-35.0；

M30；

以 B 点为起点逆时针一周的程序如下：

O1；

G54 G90 G00 Z50.0；

X-35.0 Y-35.0；

M03 S1000；

Z5.0；

X0 Y-30.0；

G01 Z-2.0 F150

G03 J30；

G00 Z50.0；

X35.0 Y-35.0；

M30；

延伸思考：试编写分别以 C 点、D 点为起点顺、逆时针一周的整圆加工程序。

3. 与参考点有关的指令 G27、G28、G29、G30

（1）返回参考点指令 G28、G30　参考点是数控机床上的固定点，可以利用返回参考点指令将刀架移动到该点。可以设置多个参考点，其中第一参考点与机床参考点一致，第二、第三和第四参考点与第一参考点的距离利用参数事先设置。接通电源后必须先进行第一参考点返回，否则不能进行其他操作。

参考点返回有两种方法：手动参考点返回和自动参考点返回。接通电源已进行手动参考点返回后，在程序中需要返回参考点，进行换刀时使用自动参考点返回功能。

自动参考点返回时需要用到如下指令：

G28 X __；　　　　　　　　X 向回参考点

G28 Z __；　　　　　　　　Z 向回参考点

G28 X __ Y __ Z __；　　主轴回参考点

其中，X、Y、Z 坐标设定值为指定的某一中间点，但此中间点不能超过参考点，该点可以以绝对值方式写入，也可以增量方式写入。

系统在执行"G28 X __；"时，X 向快速向中间点移动，到达中间点后，再快速向参考点定位，到达参考点，X 向参考点指示灯亮，说明参考点已到达。

"G28 Z __；"的执行过程与 X 向回参考点完全相同，只是 Z 向到达参考点时，Z 向参考点的指示灯亮。

"G28 X __ Y __ Z __；"执行后，X、Y、Z 向同时各自回其参考点，最后以 X、Y、Z 向参考点的指示灯都亮而结束。

返回机床这一固定点的功能用来在加工过程中检验坐标系的正确与否和建立机床坐标系，以确保精确地控制加工尺寸。

G30 P2 X __ Y __ Z __；第二参考点返回，P2 可省略

G30 P3 X __ Y __ Z __；第三参考点返回

G30 P4 X __ Y __ Z __；第四参考点返回

第二、第三和第四参考点返回中的 X、Y、Z 的含义与 G28 指令中的相同。

（2）参考点返回校验指令 G27　该指令用于加工过程中检查是否准确地返回参考点。指令格式如下：

G27 X __；　　　　　　　X 向参考点校验

G27 Z __；　　　　　　　Z 向参考点校验

G27 X __ Y __ Z __；　　参考点校验

执行 G27 指令的前提是机床在通电后必须返回过一次参考点（手动返回或用 G28 指令返回）。

执行完 G27 指令以后，如果机床准确地返回参考点，则面板上的参考点返回指示灯亮；否则，机床出现报警。

（3）从参考点返回指令 G29　G29 指令使刀具以快速移动速度，从机床参考点经过 G28 指令设定的中间点，快速移动到 G29 指令设定的返回点，如图 3-29 所示。其程序段格式为：

G29 X __ Y __ Z __；

其中，X、Y、Z 值可以是绝对坐标，也可以是相对坐标。当然，在从参考点返回时，可以不用 G29 指令而用 G00 指令或 G01 指令，但此时，不经过 G28 指令设置的中间点而直接运动到目标点。

图 3-29 中，执行 G28 指令的轨迹为 $A \rightarrow B \rightarrow R$，执行 G29 指令的轨迹为 $R \rightarrow B \rightarrow C$，执行 G00（G01）指令的轨迹为 $R \rightarrow C$。在铣削类数控机床上，G28、G29 后面可以是 X、Y、Z 三轴中的任一轴或任两轴的坐标，也可以是三轴坐标。

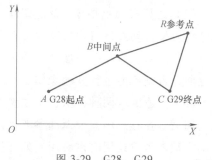

图 3-29　G28、G29
与 G00（G01）的关系

二、刀具补偿功能指令

对于数控铣床来说，一般情况下都要应用刀具补偿来编程。数控铣床上刀具补偿通常有三种：刀具半径补偿、刀具长度补偿和刀具磨损补偿。现代数控机床的刀具半径补偿常应用 C 功能刀补。

1. 刀具半径补偿指令 G40、G41、G42

二维刀具半径补偿仅在指定的二维进给平面内进行，进给平面由 G17、G18 和 G19 指令指定，刀具半径则通过调用相应的刀具半径补偿寄存器号码（用 D 指定）来取得。

（1）刀具半径补偿的目的　在数控铣床上进行轮廓的铣削加工时，由于刀具半径的存在，刀具中心（刀心）轨迹和工件轮廓不重合。如果数控系统不具备刀具半径自动补偿功能，则只能按刀心轨迹进行编程，即在编程时给出刀具中心运动轨迹，其计算相当复杂，尤其当刀具磨损、重磨或换新刀而使刀具直径变化时，必须重新计算刀心轨迹，修改程序，这样既烦琐，又不易保证加工精度。当数控系统具备刀具半径补偿功能时，数控编程只需按工件轮廓进行，数控系统会自动计算刀心轨迹，使刀具偏离工件轮廓一个半径值，即进行刀具

半径补偿。

（2）刀具半径补偿的方法 铣削加工刀具半径补偿分为刀具半径左补偿（用 G41 定义）和刀具半径右补偿（用 G42 定义），使用非零的"D××"代码选择正确的刀具半径补偿寄存器号。当不需要进行刀具半径补偿时，则用 G40 指令取消刀具半径补偿。

编程时，使用 D 代码（D01～D99）选择刀补表中对应的半径补偿值。地址 D 所对应的偏置存储器中存入的偏置值通常指刀具半径值。刀具刀号与刀具偏置存储器号可以相同，也可以不同。一般情况下，为防止出错，最好采用相同的刀具号与刀具偏置号。

刀具半径补偿的建立有以下三种方式（图 3-30）。

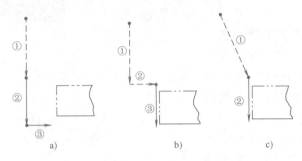

图 3-30 建立刀具半径补偿的方法

图 3-30a 所示方式为先下刀后，再在 X、Y 轴移动中建立半径补偿；图 3-30b 所示方式是先建立半径补偿后，再下刀到加工深度位置；图 3-30c 所示方式是 X、Y、Z 三轴同时移动，建立半径补偿后再下刀。一般取消半径补偿的过程与建立过程正好相反。

（3）刀具半径补偿指令

1）格式：$G17 \begin{Bmatrix} G41 \\ G42 \end{Bmatrix} \begin{Bmatrix} G00 \\ G01 \end{Bmatrix} X \_\_ Y \_\_ F \_\_ D \_\_;$

   $\cdots\cdots$

   $G40 \begin{Bmatrix} G00 \\ G01 \end{Bmatrix} X \_\_ Y \_\_;$

2）说明：X、Y 为 G00/G01 的参数，即刀补建立或取消的终点坐标（注：投影到补偿平面上的刀具轨迹得到补偿）；D 为 G41/G42 的参数，即刀补号码（D00～D99），它代表了刀补表中对应的半径补偿值。

G41、G42 指令都是模态代码，可以在程序中保持连续有效。G41、G42 指令的撤销可以使用 G40 指令进行。

采用 G41 与 G42 指令的判断方法是，迎着垂直于补偿平面的坐标轴的正方向，沿刀具的移动方向看，当刀具处在切削轮廓左侧时，称为刀具半径左补偿（简称"左刀补"）；当刀具处在切削轮廓的右侧时，称为刀具半径右补偿（简称"右刀补"），如图 3-31 所示。

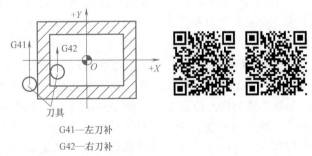

图 3-31 刀具半径补偿方向的判断

（4）刀具半径补偿的过程 刀具半径补偿的过程如图 3-32 所示，共分三步，即刀补建立、刀补进行和刀补取消。程序如下：

```
…
G41 G01 X100.0 Y90.0 F100 D01;    刀补建立
Y200.0;
X200.0;                            刀补进行
Y100.0;
X90.0;
G40 X0 Y0;                         刀补取消
```

1）刀补建立。刀补的建立指刀具从起点接近工件时，刀具中心从与编程轨迹重合过渡到与编程轨迹偏离一个偏置量的过程。该过程的实现必须有 G00 或 G01 功能才有效。

2）刀补进行。在 G41 或 G42 程序段后，程序进入补偿模式，此时刀具中心与编程轨迹始终相距一个偏置量，直到刀补取消。

当 G41（G42）指令被指定时，

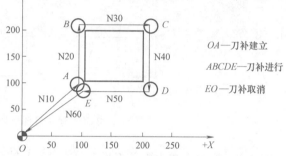

OA—刀补建立
ABCDE—刀补进行
EO—刀补取消

图 3-32 刀具半径补偿过程

包含 G41（G42）语句的下面两句被预读，机床坐标位置的确定方法是：将含有 G41（G42）语句的坐标点与下面两句中最近的、在选定平面内有坐标移动语句的坐标点相连，其连线垂直方向为偏置方向，大小为刀具半径值。

3）刀补取消。刀具离开工件，刀具中心轨迹过渡到与编程轨迹重合的过程称为刀补取消，如图 3-32 所示的 EO 程序段。刀补的取消用 G40 或 D00 来执行。

（5）刀具半径补偿注意事项

1）刀具半径补偿建立与取消程序段只能与 G00 或 G01 指令一起使用，刀具只能在移动中建立或取消刀补，且移动的距离应大于刀具半径的补偿值。

2）为保证刀补建立与刀补取消时刀具与工件的安全，通常采用 G01 运动方式来建立或取消刀补。如果采用 G00 运动方式来建立或取消刀补，则要采取先建立刀补再下刀和先抬刀再取消刀补的编程加工方法。

3）为了便于计算坐标，采用切线切入方式或法线切入方式来建立或取消刀补。不便于沿工件轮廓线方向切向或法向切入、切出时，可根据情况增加一个圆弧辅助程序段。

4）为了防止在半径补偿建立与取消过程中刀具产生过切现象（图 3-33 中的 OM），刀具半径补偿建立与取消程序段的起始位置与终点位置要与补偿方向在同一侧（图 3-33 中的 OA）。建立（取消）刀具半径补偿与下（上）一段刀具补偿进行的运动方向应一致，前后两段指令刀具运动方向的夹角 α 应满足 $90° \leqslant \alpha < 180°$。

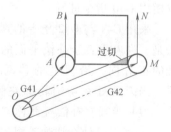

图 3-33 刀补建立时的起始点与终点位置

5）在刀具补偿模式下，一般不允许存在连续两段以上的非补偿平面内移动指令，否则刀具也会出现过切等危险动作。

非补偿平面移动指令通常指：只有 G、M、S、F、T 代码的程序段（如"G90;""M05;"等）；程序暂停程序段（如"G04 X10.0;"等）；G17（G18、G19）平面内的 Z（Y、X）轴移动指令等。

6）从左向右或者从右向左切换补偿方向时，通常要经过取消补偿方式。

7）通常主轴正转时，用 G42 指令建立刀具半径右补偿，铣削时对工件产生逆铣效果，常用于粗铣；用 G41 指令建立刀具半径左补偿，铣削时对工件产生顺铣效果，故常用于精铣。

（6）刀具半径补偿的应用

1）刀具因磨损、重磨、换新刀而引起刀具直径改变后，不必修改程序，只需在刀具参数设置中输入变化后的刀具半径。如图 3-34 所示，1 为未磨损刀具，2 为磨损后刀具，两者尺寸不同，只需将刀具参数表中的刀具半径由 r_1 改为 r_2，即可适用同一程序。

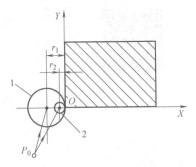

图 3-34　刀具直径变化
加工程序不变
1—未磨损刀具　2—磨损后刀具

2）用同一程序、同一尺寸的刀具，利用刀具半径补偿，可进行粗、精加工。如图 3-35 所示，刀具半径 r，精加工余量 Δ。粗加工时，输入刀具半径 $R=r+\Delta$，则加工出细点画线轮廓；精加工时，用同一程序，同一刀具，但输入刀具半径 r，则加工出粗实线轮廓。

3）采用同一程序段加工同一公称直径的凹、凸型面。如图 3-36 所示，对于同一公称直径的凹、凸型面，内外轮廓编写成同一程序。在加工外轮廓时，将偏置值设为 $+D$，刀具中心将沿轮廓的外侧切削；当加工内轮廓时，将偏置值设为 $-D$，这时刀具中心将沿轮廓的内侧切削。这种编程与加工方法在模具加工中运用较多。

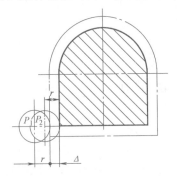

图 3-35　利用刀具半径补偿进行粗精加工
P_1—粗加工刀心位置　P_2—精加工刀心位置

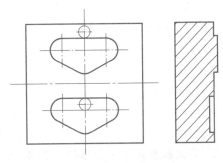

图 3-36　利用刀具半径
补偿加工凹、凸型面

【例 3-4】 加工图 3-37 所示零件凸台的外轮廓，采用刀具半径补偿指令进行编程。

采用刀具半径左补偿，编写数控程序如下：

O00004;

G54 G90 G00 Z50.0;　　　　　　　　　设置工件零点于 O 点,刀具移至安全高度

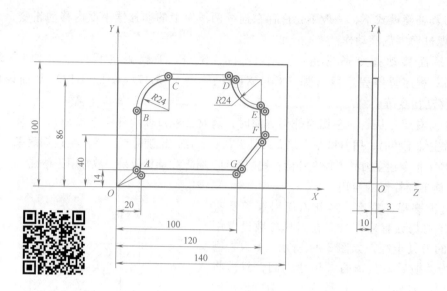

图 3-37　凸台外轮廓加工

M03 S1500；	主轴正转 1500r/min
X0 Y0.0；	刀具快进至(0,0,50)
Z2.0；	刀具快进到(0,0,2)
G01 Z-3.0 F50；	刀具以切削进给到深度 3mm 处
G41 X20.0 Y10.0 F150.0 D01；	建立刀具半径左补偿,补偿值存放在 D01
Y62.0；	直线插补 $A \to B$
G02 X44.0 Y86.0 R24.0；	圆弧插补 $B \to C$
G01 X96.0；	直线插补 $C \to D$
G03 X120.0 Y62.0 R24.0；	圆弧插补 $D \to E$
G01 Y40.0；	直线插补 $E \to F$
X100.0 Y14.0；	直线插补 $F \to G$
X15.0；	直线插补 $G \to A$
G40 X0 Y0；	取消刀具半径补偿 $A \to O$
G00 Z100.0；	抬刀
M05；	主轴停转
M30；	程序结束

2. 刀具长度补偿指令 G43、G44、G49

（1）**刀具长度补偿的意义**　数控铣床所使用的每把刀具长度都不相同,另外由于刀具的磨损或其他原因也会引起刀具长度发生变化,使用刀具长度补偿指令可使每一把刀具加工的深度尺寸都正确。为了简化零件的数控加工编程,使数控程序与刀具形状和刀具长度尺寸无关,现代数控系统除了具有刀具半径补偿功能外,还有刀具长度补偿功能。刀具长度补偿使刀具垂直于进给平面偏移一个刀具长度修正值（如由 G17 指定的 XY 平面,刀具长度补偿的是 Z 轴）,因此数控铣床编程时一般无须考虑刀具长度。

（2）刀具长度补偿指令

1）格式：$G17 \begin{Bmatrix} G43 \\ G44 \end{Bmatrix} \begin{Bmatrix} G00 \\ G01 \end{Bmatrix} Z \_\_ \ H \_\_ \ F \_\_ ;$

　　　...

　　　$G49 \begin{Bmatrix} G00 \\ G01 \end{Bmatrix} Z \_\_ ;$

2）说明：

① 在 G17 指定的平面，刀具长度补偿为 Z 轴方向的补偿。

② G43 指令表示正向补偿；G44 指令表示负向补偿；G49 指令为取消刀具长度补偿。

③ Z 为 G00/G01 指令的参数，即刀具长度补偿建立或取消的终点坐标值。

④ H 为 G43/G44 指令的参数，即刀具长度补偿偏置号（H00～H400），它代表了刀具表中对应的长度补偿值。

⑤ G43、G44 可通过 G49 指令注销。

（3）刀具长度补偿的方法　在刀具长度补偿发生作用前，必须先进行对刀操作，以便设置刀具参数。刀具长度补偿分为绝对补偿和相对补偿两种方式，数控铣床的对刀方法有机内对刀法和机外对刀法。

（4）刀具长度补偿的参数设置及操作步骤

1）机内对刀。数控铣床所用刀具基本上以铣刀、钻头类刀具为主，这类刀具直径都不需要测量，为节约生产成本不必配备对刀仪，操作者在机内完成 Z 轴对刀即可。

机内对刀通常将 G54～G59 中的 Z 值设为 0，每把刀具的长度是未知数。具体尺寸如图 3-38a 所示。

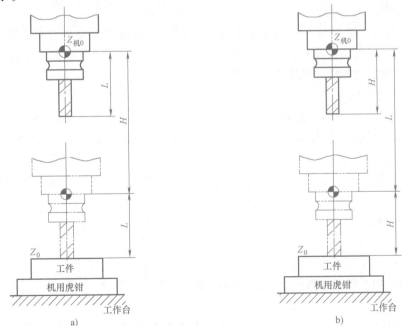

图 3-38　刀具长度补偿示意图

a）机内对刀 G43 应用　b）机外对刀 G43 应用

① 选择一把平底刀（刀长未知），用手轮方式将刀具移至工件坐标系 Z_0 面，记录机床

坐标系的 Z 坐标 H 值,完成 Z 轴对刀,将 H 值以负数填入刀具调整卡。

② 将每把刀对刀时的 H 值以负数形式输入到(H00~H400)页面中。

③ 程序示例如下:

O1;

M06 T01;

G54 G90 G40 G49 G00 X-60 Y0;　　运行 G54,Z 值生效为 0

M03 S800;

G43 Z30 H01;　　　　　　　　　　调 1 号刀长度补偿 H(负值)运行至刀具离工件 Z_0 面
　　　　　　　　　　　　　　　　　　30mm 高度,机床实际移动距离为 $0+(-H)+30$mm

G01 Z-11 F50;

X0 Y60 F200;

G49 G00 Z-100;　　　　　　　　　　Z 为负值,取值为至机床原点的距离

M05;

M06 T02;

…

M30;

程序中 G43 指令生效后,Z 坐标值是以工件上表面为基准平面(即 Z_0 面);G49 指令生效后,Z_0 移到机床原点。

程序中也可以使用 G44 指令编程,编程形式同 G43 指令,只需用 G44 代替 G43,同时将补偿界面中的 H 取为正 Z 值。刀具长度补偿方向由 G43 或者 G44 指令指定,这两种处理方法机床运行轨迹均相同。

2)机外对刀。机外对刀一般用于加工中心,先借助对刀仪完成刀具长度和直径的测量,再把测得的刀具长度及直径值与编程规定的刀具号一一对应填写工艺文件刀具调整卡,具体实践中长度补偿的应用如图 3-38b 所示。

① 选择一把平底刀,已知刀长为 H,用手轮方式将刀具移至工件坐标系 Z_0 平面,记录机床坐标系的 Z 坐标 L 值,然后计算工件坐标系 Z_0 面至机床原点 $Z_{机0}$ 的距离为 $L+H$,将 $L+H$ 运算结果(负值)输入到 G54~G59 的 Z 坐标中,完成 Z 轴的对刀,即求出工件坐标系 Z_0 面至机床原点的距离。

② 将刀具调整卡中的每把刀的实际刀具长度以正值输入到刀具长度补偿偏置号（H0~H400）界面中。

③ 程序示例如下:

O2;

M06 T01;

G54 G90 G40 G49 G00 X-60 Y0;　　运行 G54,Z 值 $L+H$ 生效

M03 S800;

G43 Z30 H01;　　　　　　　　　　调 1 号刀长度补偿 H(正值)运行至刀具离工件 Z_0 面
　　　　　　　　　　　　　　　　　　30mm 高度,机床实际移动距离为 $-(L+H)+H+30$mm =
　　　　　　　　　　　　　　　　　　$-L+30$mm,机床运行轨迹同机内对刀法,计算过程如图
　　　　　　　　　　　　　　　　　　3-38b 所示

G01 Z-11 F50；

X0 Y60 F200；

G49 G00 Z150；　　　　　　　　Z 值为正数，取值为实际刀长+安全高度

M05；

M06 T02；

…

M30；

G43 指令为刀具长度正补偿，即沿着 Z 轴正方向偏移一个刀具长度修正值 H，运行 G43 指令时刀具在 Z 轴正方向偏置（下刀时少走）一个实际刀长。程序中只需用 G44 替换 G43，同时将刀具实际刀长以负值输入到（H00～H400）中，那么用 G43 或者 G44 编程时，机床运行轨迹均相同。

3）相对补偿对刀。如果每把刀具长度已知，可以采用基准刀具相对补偿法处理刀具长度补偿问题。

① 通常选择比较重要、铣削内外轮廓的立铣刀作为基准刀具对刀，将所得 Z 向偏置值输入 G54 坐标中，完成 Z 轴的对刀。

② 将每把刀具与基准刀具的长度差以正值输入刀具长度补偿偏置号（H0～H400）界面中。

③ 刀具长度补偿方向由 G43 或者 G44 指令指定。

（5）刀具长度补偿的应用及示例　设某零件加工需要图 3-39 所示四把刀，长 100mm 的 1#平底刀 Z 轴对刀移至工件坐标系 Z_0 平面时，记录机床坐标系的 Z 坐标值为 -464.000，如图 3-40 所示。以宇龙数控仿真加工软件的操作为例说明使用三种对刀方法时刀具长度补偿的设置过程，见表 3-4。

已经选择的刀具：

序号	刀具名称	刀具类型	直径	圆角半径	总长	刃长
1	SC215.17.11-16	平底刀	16.00	0.00	100.00	50.00
2	中心钻-Φ4	钻头	4.00	0.00	75.00	5.00
3	钻头-Φ12	钻头	12.00	0.00	160.00	106.70
4	SC217.13.13-40	平底刀	40.00	0.00	60.00	30.00
5						
6						
7						
8						
9						
10						

图 3-39　刀具尺寸

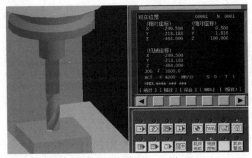

图 3-40　T01 立铣刀 Z 轴对刀

表 3-4　刀具长度补偿设置举例

G54 工件坐标系 Z 轴零点偏置值设置	长度补偿参数输入	建立、取消刀具长度补偿程序举例
机内对刀法 WORK COONDATES　O0001　N 0001 (G54) 番号 数据　　　　番号 数据 00　X　0.000　　02　X　0.000 (EXT)　Y　0.000　(G55)　Y　0.000 　　　Z　0.000　　　　　Z　0.000 01　X −300.000　03　X　0.000 (G54)　Y −215.000　(G56)　Y　0.000 　　　Z　0.000　　　　　Z　0.000 > REF **** *** *** [NO检索][测量][ ][+输入][输入]	工具补正　　O0001　N 0001 番号　形状(H)　摩耗(H)　形状(D)　摩耗(D) 001 −464.000　0.000　8.000　0.000 002 −489.000　0.000　0.000　0.000 003 −404.000　0.000　0.000　0.000 004 −504.000　0.000　20.000　0.000 005　0.000　0.000　0.000　0.000 006　0.000　0.000　0.000　0.000 007　0.000　0.000　0.000　0.000 008　0.000　0.000　0.000　0.000 现在位置(相对座标) X −305.900 Y −212.200 Z −366.916 　　　　　　S 0　　　4 JOG **** *** *** [NO检索][测量][ ][+输入][输入]	程序　　O0001　　N 0001 O0001; G54 G90 G40 G49 G00 X−60 Y0 ; G28 ; M06 T01 ; M03 S800 ; G43 G0 Z10 H01 ; G01 Z−11 F50 ; X0 Y60 F200 ; G49 G00 Z−100 ; M05 ; G28 ; 　　　　　　　S 0　T 4 EDIT **** *** *** [BG-EDT][O检索][检索↓][检索↑][REWIND]
机外对刀法 WORK COONDATES　O0001　N 0001 (G54) 番号 数据　　　　番号 数据 00　X　0.000　　02　X　0.000 (EXT)　Y　0.000　(G55)　Y　0.000 　　　Z　0.000　　　　　Z　0.000 01　X −300.000　03　X　0.000 (G54)　Y −215.000　(G56)　Y　0.000 　　　Z −564.000　　　　Z　0.000 > REF **** *** *** [NO检索][测量][ ][+输入][输入]	工具补正　　O0001　N 0001 番号　形状(H)　摩耗(H)　形状(D)　摩耗(D) 001 100.000　0.000　8.000　0.000 002　75.000　0.000　0.000　0.000 003 160.000　0.000　0.000　0.000 004　60.000　0.000　20.000　0.000 005　0.000　0.000　0.000　0.000 006　0.000　0.000　0.000　0.000 007　0.000　0.000　0.000　0.000 008　0.000　0.000　0.000　0.000 现在位置(相对座标) X −305.900 Y −212.200 Z −366.916 　　　　　　S 0　　　4 JOG **** *** *** [NO检索][测量][ ][+输入][输入]	程序　　O0001　　N 0001 O0001; G54 G90 G40 G49 G00 X−60 Y0 ; G28 ; M06 T01 ; M03 S800 ; G43 G0 Z10 H01 ; G01 Z−11 F50 ; X0 Y60 F200 ; G49 G00 Z150 ; M05 ; G28 ; >　　　　　　S 0　T EDIT **** *** *** [结合][ ][ ][停止][CAN][EXEC]
基准刀相对补偿法 WORK COONDATES　O0014　N 0014 (G54) 番号 数据　　　　番号 数据 00　X　0.000　　02　X　0.000 (EXT)　Y　0.000　(G55)　Y　0.000 　　　Z　0.000　　　　　Z　0.000 01　X −300.000　03　X　0.000 (G54)　Y −215.000　(G56)　Y　0.000 　　　Z −464.000　　　　Z　0.000 > MEM **** *** *** [NO检索][测量][ ][+输入][输入]	工具补正　　O0001　N 0001 番号　形状(H)　摩耗(H)　形状(D)　摩耗(D) 001　0.000　0.000　8.000　0.000 002　25.000　0.000　0.000　0.000 003　60.000　0.000　0.000　0.000 004　40.000　0.000　20.000　0.000 005　0.000　0.000　0.000　0.000 006　0.000　0.000　0.000　0.000 007　0.000　0.000　0.000　0.000 008　0.000　0.000　0.000　0.000 现在位置(相对座标) X −305.900 Y −212.200 Z −366.916 　　　　　　S 0　　　4 JOG **** *** *** [NO检索][测量][ ][+输入][输入]	程序　　O0001　　N 0014 O0001; G54 G90 G40 G49 G0 X−60 Y0 ; G28 ; M6 T2 ; M3 S800 ; G44 Z10 H2 ; G1 Z−11 F50 ; X0 Y60 F200 ; G49 G00 Z100 ; M5 ; G28 ; 　　　　　　　S 0　T 2 EDIT **** *** *** [BG-EDT][O检索][检索↓][检索↑][REWIND]

【例 3-5】　考虑刀具长度补偿，编制图 3-41 所示零件的加工程序。

分析：该零件需要两把刀加工，1 号刀选用 φ20mm 的立铣刀，铣削凸台轮廓；2 号刀选用 φ10mm 的钻头钻孔。由于两把刀的长度不同，凸台深度又有精度要求，因此，两把刀都进行长度补偿。设 1 号刀长 60mm，2 号刀长 100mm，预先在刀具表中设置 2 号刀的长度补偿值为 H02＝40mm。

1 号刀铣外轮廓程序如下：

O0005；

G54 G90 G17 G40 G49 G00；

M03 S600；

G00 X−60.0 Y60.0；　　　　　刀具半径补偿起点

G44 G00 Z5.0 H01；　　　　　1 号刀建立长度补偿,控制 Z 向尺寸精度

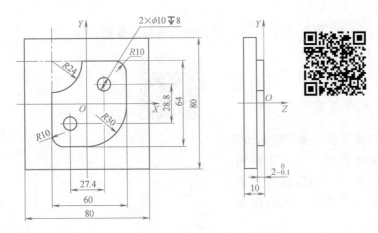

图 3-41 刀具长度补偿

G01 Z−2.0 F50；

G41 G01 X−40.0 Y32.0 D01 F100； 建立刀具半径左补偿

G01 X20.0；

G02 X30.0 Y22.0 R10.0；

G01 Y−2.0；

G02 X0.0 Y−32.0 R30.0；

G01 X−20.0；

G02 X−30.0 Y−22.0 R10.0；

G01 Y8.0；

G03 X−6.0 Y32.0 R24.0；

G01 Y40.0；

G40 G01 X−60.0 Y60.0； 取消刀具半径补偿

G49 G00 Z100.0； 取消长度补偿，回到起点

M05；

M30；

2 号刀钻孔程序如下：

O0006；

G54 G90 G17 G40 G49 G00；

M03 S600；

G00 X13.7 Y14.4；

G43 G00 Z5.0 H02； 建立刀具长度正补偿

G01 Z−8.0 F40；

G04 X2.0； 延时 2s

G00 Z5.0；

G91 G00 X−27.4 Y−28.8；

G90 G01 Z−8.0；

G04 P2000；   延时 2s

G49 G00 Z100.0；   取消刀具长度补偿

M05；

M30；

三、子程序的应用

1. 同平面内完成多个相同轮廓加工

在一次装夹中若要完成多个相同轮廓形状工件的加工，则编程时只编写一个轮廓形状加工程序，然后用主程序来调用子程序。

【例3-6】 如图3-42所示，零件毛坯选用 150mm×50mm×20mm 的铝

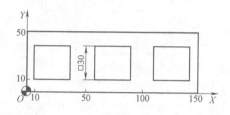

图 3-42　子程序的应用（一）

材，刀具为 φ12mm 的立铣刀，试用子程序编程加工 3 个 30mm×30mm×5mm 的凸台。

编写程序如下：

O0007；

G54 G90 G40 G00 M03 S1000；

X0 Y0；

G43 Z5 H01；

G01 Z-5 F100；

M98 P30100；

G90 G49 G00 Z100；

X0 Y0；

M30；

O0100；   子程序

G91 G41 G01 X10 Y10 D01； 相对坐标编程

Y30；

X30；

Y-30；

X-30；

G40 X-10 Y-10；

X50；   到达下一个凸台的起点

M99；

2. 实现零件的分层切削

有时零件在某个方向上的总切削深度比较大，要进行分层切削，则编写该轮廓加工的刀具轨迹子程序后，通过调用该子程序来实现分层切削。

【例3-7】 在数控立式铣床上加工图3-43所示零件的凸台外形轮廓，Z轴分层切削，每次背吃刀量为 3mm。试编写凸台外形轮廓加工程序。

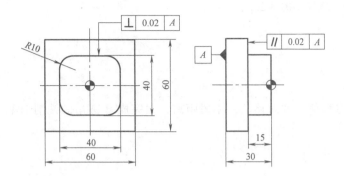

图 3-43　子程序的应用（二）

编写程序如下：

O0008；　　　　　　　　　　主程序

G54 G90；

G00 X-40.0 Y-40.0；

G43 Z20.0 H01；

M03 S600；

G01 Z0.0 F100.0；

M98 P50020；

G49 G01 Z30.0；

M05；

M30；

O0020；　　　　　　　　　　子程序

G91 G01 Z-3.0；

G90 G41 G01 X-20.0 Y-20.0 D01 F200.0；

G01 Y10.0；

G02 X-10.0 Y20.0 R10.0；

G01 X10.0；

G02 X20.0 Y10.0 R10.0；

G01 Y-10.0；

G02 X10.0 Y-20.0 R10.0；

G01 X-10.0；

G02 X-20.0 Y-10.0 R10.0；

G40 G01 X-40.0 Y0；

G00 Y-40.0；

M99；

或者

O0020；　　　　　　　　用倒圆角简化编程的方法编写子程序

G91 G01 Z-3.0；

G90 G41 X-20.0 Y-25.0 D01 F222；

Y20.0，R10.0；

X20.0，R10.0；

Y-20.0，R10.0；

X-20.0，R10.0；

G01 Y-8.0；沿着刀具前进方向移动一小段距离，以完成 R 圆角的铣削加工

G40 X-40.0；

Y-40.0；

M99；

3. 实现程序的优化

数控铣床的加工程序中往往包含许多独立的工序，为了优化加工顺序，把每一个独立的工序编成一个子程序，主程序只有换刀和调用子程序的命令，从而实现优化程序的目的。

四、坐标变换

在数控铣床和加工中心的编程中，为了实现简化编程的目的，除常用固定循环指令外，还采用一些特殊的功能指令。这些指令的特点大多是对工件的坐标系进行变换以达到简化编程的目的。下面介绍一些 FANUC 0i 系统中常用的特殊功能指令。

1. 比例缩放

在数控编程中，有时在对应坐标轴上的值是按固定的比例进行放大或缩小的，这时，为了编程方便，可采用比例缩放指令进行编程。

（1）指令格式

1）格式一：G51 I __ J __ K __ P __；

例如 G51 I0 J10.0 P2000；

格式中的 I、J、K 值作用有两个：第一，选择要缩放的轴，其中 I 表示 X 轴，J 表示 Y 轴，K 表示 Z 轴。上例表示在 X、Y 轴上进行比例缩放，而在 Z 轴上不进行比例缩放。第二，指定比例缩放的中心，"I0 J10.0" 表示缩放中心在坐标（0，10.0）。如果省略了 I、J、K，则 G51 指定刀具的当前位置作为缩放中心。P 为进行缩放的比例系数，不能用小数点来指定该值，"P2000" 表示缩放倍数为 2 倍。

2）格式二：G51 X __ Y __ Z __ P __；

例如 G51 X10.0 Y20.0 P1500；

格式二中的 X、Y、Z 值与格式一中的 I、J、K 值作用相同，不过是由于系统不同，书写格式不同罢了。

3）格式三：G51 X __ Y __ Z __ I __ J __ K __；

例如 G51 X0 Y0 Z0 I1.5 J2.0 K1.0；

该格式用于较为先进的数控系统（如 FANUC 0i 系统），表示各坐标轴允许以不同比例进行缩放。上例表示在以坐标点（0，0，0）为中心进行比例缩放，在 X 轴方向的缩放倍数为 1.5 倍，在 Y 轴方向上的缩放倍数为 2 倍，在 Z 轴方向则保持原比例不变。I、J、K 的取值直接以小数点的形式来指定缩放比例，如 J2.0 表示在 Y 轴方向上的缩放倍数为 2.0 倍。

取消缩放格式：G50；

注意：宇龙数控加工仿真软件 V4.9 识别的格式是：格式三中的 I、J、K 不能用小数点

指定缩放倍数，如"I2000"缩放比例为2倍；而格式二中P的取值直接以小数点的形式指定缩放比例。如例3-8。

（2）比例缩放编程实例

【例3-8】 如图3-44所示，毛坯选用150mm×150mm×30mm的铝材，将40mm×40mm×2mm的外轮廓轨迹以原点为中心进行比例缩放，缩放比例依次为：①X、Y、Z轴的缩放比例分别为2.0、2.0、1.5；②X、Y、Z轴的缩放比例分别为3.5、2.5、2.0；③X、Y、Z轴的缩放比例分别为0.5。试编写加工程序。

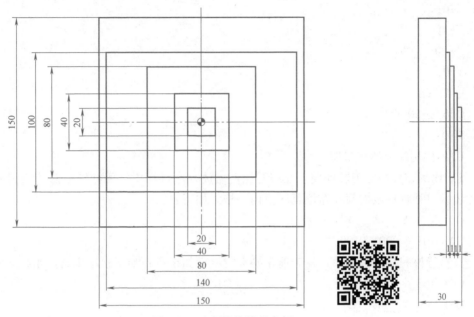

图 3-44 比例缩放编程实例

编写程序如下：

O0009；

G54 G50 G90 G0 Z20；

M03 S800；

Z5；

X-55 Y60；

M98 P10；

G51 X0 Y0 Z0 I2000 J2000 K1500；　　　以原点为缩放中心，X、Y轴均放大2.0倍，Z轴放大1.5倍

M98P10；

G51 X0 Y0 Z0 I3500 J2500 K2000；　　　X轴放大3.5倍，Y轴放大2.5倍，Z轴放大2倍

M98 P10；

G51 X0 Y0 Z0 P0.5；　　　X、Y、Z轴缩放比例均为0.5倍

M98 P10；

G50；

```
G00 Z100;
M30;

O0010;
G00 X-50 Y50;
G41 X-20 Y20 D1;
G01 Z-2 F222;
X20;
Y-20;
X-20;
Y20;
G00 Z5;
G40 X-50 Y50;
M99;
```

（3）比例缩放编程说明

1）比例缩放中的刀补问题。在编写比例缩放程序过程中，要特别注意建立刀补程序段的位置，刀补程序段应写在缩放程序段内。格式如下：

```
G51 X __ Y __ Z __ P __;
G41 G01 … D01 F100;
```

在执行该程序段过程中，机床能正确运行，而如果执行如下程序则会产生机床报警。

```
G41 G01 … D01 F100;
G51 X __ Y __ Z __ P __;
```

注意：比例缩放对于刀具半径补偿值、刀具长度补偿值及刀具偏置值无效。

2）比例缩放中的圆弧插补。在比例缩放中进行圆弧插补，如果进行等比例缩放，则圆弧半径也相应缩放相同的比例；如果指定不同的缩放比例，则刀具也不会画出相应的椭圆轨迹，仍将进行圆弧的插补，圆弧的半径根据 I、J 中的较大值进行缩放。

3）比例缩放中的注意事项。

① 比例缩放的简化形式，如将比例缩放程序"G51 X __ Y __ Z __ P __;"或者"G51 X __ Y __ Z __ I __ J __ K __;"简写成"G51;"，则缩放比例由机床系统自带参数决定，具体值请查阅机床有关参数表，而缩放中心则指刀具中心当前所处的位置。

② 比例缩放对固定循环中 Q 值与 d 值无效。在比例缩放过程中，不希望进行 Z 轴方向的比例缩放时可以修改系统参数，从而禁止在 Z 轴方向上进行比例缩放。

③ 比例缩放对刀具偏置值和刀具补偿值无效。

④ 缩放状态下，不能指定返回参考点的 G 代码（G27~G30），也不能指定坐标系的 G 代码（G52~G59，G92）。若一定要指定这些 G 代码，应在取消缩放功能后指定。

2. 可编程镜像

使用编程的镜像指令可实现沿某一坐标轴或某一坐标点的对称加工。在一些老的数控系统中，通常采用 M 指令来实现镜像加工，在 FANUC 0i 系统中则采用 G51 指令或 G51.1 指令来实现镜像加工。

（1）指令格式

1）格式一：G17 G51.1 X __ Y __ ；

G50.1 X __ Y __ ；

格式中的 X、Y 值用于指定对称轴或对称点。当 G51.1 指令后仅有一个坐标字时，该镜像是以某一坐标轴为镜像轴。

例如"G51.1 X10.0；"指令表示以某一轴线为对称轴，该轴线与 Y 轴相平行，且与 X 轴在 X=10.0 处相交。

当 G51.1 指令后有两个坐标字时，表示该镜像是以某一点作为对称点进行镜像。例如"G51.1 X10.0 Y10.0；"表示对称点为（10，10）。

"G50.1 X __ Y __ ；"表示取消镜像。

2）格式二：G17 G51 X __ Y __ I __ J __ ；

G50；

使用此种格式时，指令中需要镜像的坐标轴对应的 I、J 值一定是负值，如果其值为正值，则该指令变成了缩放指令。另外，如果 I、J 值虽是负值但不等于-1，则执行该指令时，既进行镜像又进行缩放。

如执行 "G17 G51 X10.0 Y10.0 I-1.0 J-1.0；"时，程序以坐标点（10.0，10.0）进行镜像，不进行缩放。

执行"G17 G51 X10.0 Y10.0 I-2.0 J-1.5；"时，程序在以坐标点（10.0，10.0）进行镜像的同时，还要进行比例缩放，其中轴 X 方向的缩放比例为 2.0，而 Y 轴方向的缩放比例为 1.5。

同样，"G50；"表示取消镜像。

（2）镜像编程实例

【例 3-9】　试用镜像指令编写图 3-45 所示轨迹程序，已知第一象限轮廓已完成。

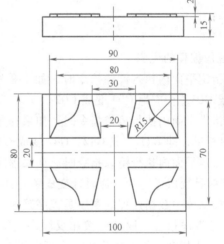

图 3-45　镜像编程实例

参考程序如下：

O0011；

G54 G50 G90 G00 Z20；

M03 S800；

Z5；

X0 Y0；

M98 P12；

G51 X0 Y0 I-1000 J1000；　　　　　　Y 轴镜像,得到第二象限图形

M98 P12；

G51 X0 Y0 I-1000 J-1000；　　　　　　X、Y 轴均镜像,得到第三象限图形

M98 P12；

G51 X0 Y0 I1000 J-1000;   X 轴镜像,得到第四象限图形

M98 P12;

G50;

G00 Z100;

X50 Y50;

M30;

O0012;

G00 X0 Y0;

G01 Z-2 F222;

G41 X10 Y10 D1;

X15 Y35;

X25;

G03 X40 Y20 R15;

G01 X45 Y10;

X10;

G40 X0 Y0;

G00 Z5;

M99;

（3）镜像编程的说明

1）在指定平面内执行镜像指令时，如果程序中有圆弧指令，则圆弧的旋转方向相反，即 G02 变成 G03，相应地 G03 变成 G02。

2）在指定平面内执行镜像指令时，如果程序中有刀具半径补偿指令，则刀具半径补偿的偏置方向相反，即 G41 变成 G42，G42 变成 G41。

3）在指定平面内执行镜像指令时，如果程序中有坐标系旋转指令，则坐标系旋转方向相反，即顺时针变成逆时针，逆时针变成顺时针。

4）数控系统中数据处理的顺序是程序镜像→比例缩放→坐标系旋转，所以在指定这些指令时，应按顺序指定，取消时按相反顺序。旋转方式或比例缩放方式不能指定镜像指令 G50.1 或 G51.1 指令，但在镜像指令中可以指定比例缩放指令或坐标系旋转指令。

5）在可编程镜像方式中，不能指定返回参考点指令（G27、G28、G29、G30）和改变坐标系指令（G54~G59、G92）。如果要指定其中的某一个，则必须在取消可编程镜像后指定。

6）在使用镜像功能时，由于数控镗铣床的 Z 轴一般安装有刀具，所以，Z 轴一般都不进行镜像加工。

3. 坐标系旋转

对于某些围绕中心旋转得到的特殊轮廓加工，如果根据旋转后的实际加工轨迹进行编程，就可能使坐标计算的工作量大大增加。而通过坐标系旋转功能，可以大大简化编程的工作量。

（1）指令格式　G17 G68 X __ Y __ R __;

　　　　　　　G69;

其中，G68 表示坐标系旋转生效，G69 表示坐标系旋转取消。格式中的 X、Y 值用于指定坐标系旋转的中心，R 表示坐标系旋转的角度，该角度一般取 0°~360°的正值，旋转角度的零

度方向为第一坐标轴的正方向，逆时针方向为角度方向的正向。不足 1°的角度用小数点方式表示。例如，"G68 X15.0 Y20.0 R30.0;"表示坐标系以坐标点（15，20）作为旋转中心，逆时针旋转 30°。

（2）坐标系旋转编程实例

【**例 3-10**】　使用坐标系旋转功能编制图 3-46 所示轮廓的加工程序，切削深度为 2mm。

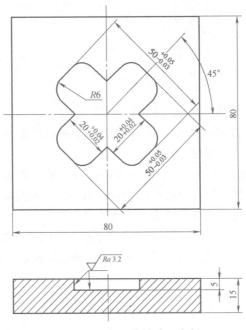

图 3-46　坐标系旋转编程实例

编写程序如下：

O0013;

G54 G90 G17 G40 G69 G00 X60 Y0;

M03 S1000;

Z10;

X0 Y0;

G01 Z-2 F60;

G68 X0 Y0 R45;

M98 P14;

G68 X0 Y0 R135;

M98 P14;

G68 X0 Y0 R225;

M98 P14;

G68 X0 Y0 R-45;

M98 P14;

G69;

G00 Z50;

X100 Y100；

M30；

O0014；   子程序

G41 G01 X0 Y-10 D1 F120；   D1 = 5.015

X25，R6；

Y10，R6；

G01 X0；

G40 Y0；

M99；

（3）坐标系旋转编程说明

1）在坐标系旋转取消指令（G69）以后的第一个移动指令必须用绝对值指定。如果采用增量值指令，则不执行正确的移动。

2）数控系统数据处理的顺序是：程序镜像→比例缩放→坐标系旋转→刀具半径补偿C方式。因此，在指定这些指令时，应按顺序指定，取消时按相反顺序。如果坐标系旋转指令前有比例缩放指令，则在比例缩放过程中不缩放旋转角度。

3）在坐标系旋转方式中，不能指定返回参考点指令（G27、G28、G29、G30）和改变坐标系指令（G54~G59、G92）。如果要指定其中的某一个，则必须在取消坐标系旋转指令后指定。

4. 极坐标编程

（1）极坐标指令

1）格式：G16；

　　　　　G15；

2）说明：G16为极坐标系生效指令，G15为极坐标系取消指令。

当使用极坐标指令后，坐标值以极坐标方式指定，即以极坐标半径和极坐标角度来确定点的位置。

当使用G17、G18、G19指令选择好加工平面后，极坐标半径用所选平面的第一轴地址来指定。

极坐标角度用所选平面的第二坐标地址来指定，极坐标的零度方向为第一坐标轴的正方向，逆时针方向为角度方向的正向。

【例3-11】 用极坐标指令编写图3-47所示图形起点到终点的轨迹。

编写程序如下：

O0015；

G54 G90 G00 Z50；

M03 S800；

G00 X50 Y0；

Z5；

G01 Z-1 F150；

G90 G17 G16；

图 3-47 极坐标参数示意图

X50 Y60；

G15；

G00 Z100；

M30；

（2）极坐标系原点　极坐标系原点指定方式有两种，一种是以工件坐标系的零点作为极坐标系原点，另一种是以刀具当前的位置作为极坐标系原点。

当以工件坐标系零点作为极坐标系原点时，用绝对值编程方式来指定。例如执行程序段"G90 G17 G16；"时，极坐标半径值是指终点坐标到编程原点的距离，角度值是指终点坐标与编程原点的连线与 X 轴的夹角，如图 3-48 所示。

当以刀具当前位置作为极坐标系原点时，用增量值编程方式来指定。例如执行程序段"G91 G17 G16；"时，极坐标半径值是指终点到刀具当前位置的距离，角度值是指前一坐标原点与当前极坐标系原点的连线与当前轨迹的夹角。如图 3-49 所示，在 A 点处进行 G91 方式极坐标编程，则 A 点为当前极坐标系的原点，而前一坐标系的原点为编程原点（O 点），则半径为当前编程原点到轨迹终点的距离（图中 AB 线段的长度）；角度为前一坐标原点与当前极坐标系原点的连线与当前轨迹的夹角（图中 OA 与 AB 的夹角）。BC 段编程时，B 点为当前极坐标系原点，角度与半径的确定与 AB 段类似。

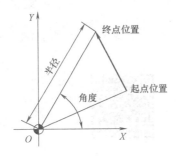

图 3-48　用 G90 指令指定原点

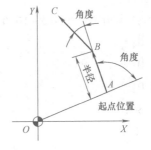

图 3-49　用 G91 指令指定原点

（3）极坐标的应用　采用极坐标编程可以大大减少编程时的计算工作量，因此在编程中得到广泛应用。通常情况下，圆周分布的孔类零件（如法兰类零件）以及图样尺寸以半径与角度形式表示的零件（如铣正多边形的外形），采用极坐标编程较为合适。

【例 3-12】　试用极坐标编程来编写图 3-50所示的正六边形外形铣削的刀具轨迹。

编写程序如下：

O0016；

G54 G90 G00 Z50；

M03 S999；

Z2；

G00 X40 Y-60；

G01 Z-2 F100；

G41 Y-43.3 D01 F200；

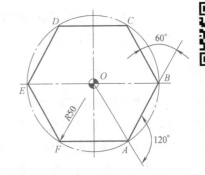

图 3-50　正六边形铣削

G90 G17 G16;   设定工件坐标系原点为极坐标系原点

G01 X50 Y240;   极坐标半径为50.0,极坐标角度为240°

Y180;

Y120;

Y60;

Y0;

Y-60;

G15;   取消极坐标编程

G00 Z50;

X80 Y-80;

M30;

【例3-13】 试编写图3-51所示孔的加工程序。

编写程序如下:

O0017;

G54 G90 G17 G15 G00 Z10.0;

M03 S666;

G16 G81 X50.0 Y30.0 Z-10.0 R5.0 F111;

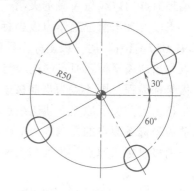

图3-51 圆周均布孔加工

Y120.0;

Y210.0;

Y300.0;

G15 G80;

G00 Z50.0;

M30;

第三节 FANUC 0i 数控铣床仿真系统

FANUC 0i 数控铣床仿真与 FANUC 0i 数控车床(简称数控车床)仿真大同小异,这里就不再详述,只针对不同点展开描述。

一、机床的基本操作

FANUC 0i 数控铣床的操作面板如图3-52所示。

铣床仿真基本操作中,激活机床、机床回参考点、手动连续移动坐标轴、手动脉冲方式移动坐标轴、主轴转动、项目文件等操作与数控车床仿真操作类似,只是在坐标轴的移动中增加了"Y"轴,其操作方法与"X""Z"轴相同。

1. 零件的装夹

(1) 使用夹具 在铣床和加工中心上加工的零件应该使用夹具装夹。对长方形零件,有工艺板或者机用虎钳两种夹具;而对圆柱形零件,可以选择工艺板或者卡盘作为夹具。

（2）使用压板　铣床和加工中心在不使用工艺板或者夹具时，也可以使用压板装夹。

2．铣刀的选择

选择菜单命令"机床/选择刀具"，或者在工具条中单击 按钮，系统弹出"选择铣刀"对话框，如图 3-53 所示。

1）按条件列出刀具清单，筛选的条件是直径和类型。在"所需刀具直径"文本框内输入直径，在"所需刀具类型"选择列表中选择刀具类型。可供选择的刀具类型有平底刀、平底带 R 刀、球头刀、钻头等。

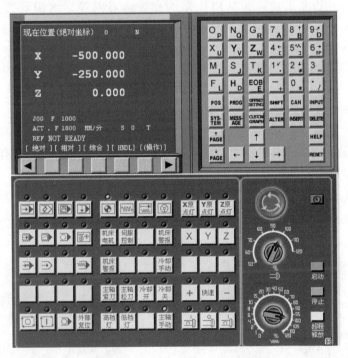

图 3-52　FANUC 0i 数控铣床的操作面板

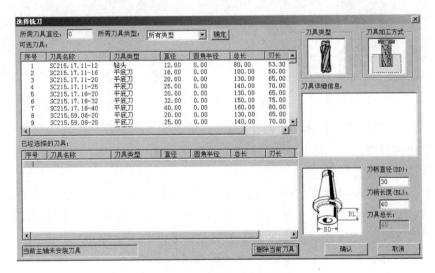

图 3-53　"选择铣刀"对话框

2）单击"确定"按钮，符合条件的刀具在"可选刀具"列表中显示。

3）选中所需的刀具，单击"确认"按钮，刀具自动地装到铣床主轴上。

二、铣床对刀

数控铣床一般将工件上表面中心点设为工件坐标系原点，下面以此为例，说明铣床仿真对刀的方法。根据工件的特点，将工件上其他点设为工件坐标系原点的对刀方法与此类似。

1．X、Y 轴对刀

X、Y 方向使用基准工具（包括刚性靠棒和寻边器两种）对刀。选择菜单命令"机床/基准工具…"，在弹出的基准工具对话框中，左边的是刚性靠棒基准工具，右边的是寻边器。

（1）刚性靠棒　使用刚性靠棒来检查塞尺松紧的方式对刀，具体过程如下（以 X 轴方向对刀为例）：

1）单击操作面板中的按钮进入"手动"方式。

2）按下 MDI 键盘上的"POS"键，CRT 屏幕上显示坐标值；借助"视图"菜单中的动态旋转、动态缩放、动态平移等工具，移动刚性靠棒到零件左侧并靠近零件。

3）选择菜单命令"塞尺检查/1mm"，基准工具和零件之间插入塞尺（紧贴零件的物件为塞尺），如图 3-54 所示。如果单击工具栏中的 图标，打开视图选项对话框，选择机床透明，可看到其俯视图，如图 3-55 所示，以方便观察刚性靠棒与工件的位置关系。

图 3-54　插入塞尺

图 3-55　俯视图

4）使用手轮精确移动机床。单击 图标显示手轮，将手轮对应轴旋钮置于 X 档，调节手轮进给速度旋钮，在手轮上单击鼠标左键或右键精确移动靠棒，直到提示信息对话框显示"塞尺检查的结果：合适"。

5）记下塞尺检查结果为"合适"时 CRT 屏幕上显示的 X 坐标值，此值为基准工具中心的 X 坐标，记为 X_1。将定义毛坯数据时设定的零件的长度记为 X_2，塞尺厚度为 1mm，基准工具直径为 14mm，则工件上表面中心在机床坐标系下的 X 坐标为

$$X_0 = X_1 + X_2/2 + 1 + 7$$

Y 方向对刀采用同样的方法。得到工件中心的 Y 坐标，记为 Y_0。

完成 X、Y 方向对刀后，选择菜单命令"塞尺检查/收回塞尺"，将塞尺收回；然后将 Z 轴抬起，选择菜单命令"机床/拆除工具"，拆除基准工具。

（2）寻边器　以 X 轴方向对刀为例说明对刀过程。

1）进入"手动"方式。

2）按下 MDI 键盘上的"POS"键，CRT 屏幕上显示坐标值，然后移动寻边器到零件左侧并靠近零件。

3）手动使主轴转动，在未与工件接触时，寻边器测量端大幅度晃动。当快接近零件时，使用手轮精确移动机床，可看到寻边器测量端晃动幅度逐渐减小，直至固定端与测量端的中心线重合为止。

4）记下寻边器与工件恰好吻合时 CRT 屏幕显示的 X 坐标，此为基准工具中心的 X 坐标，记为 X_1。将定义毛坯数据时设定的零件的长度记为 X_2，基准工具直径为 10mm，则工件上表面中心的 X 的坐标值为

$$X_0 = X_1 + X_2/2 + 5$$

Y 方向对刀采用同样的方法，得到工件中心的 Y 坐标，记为 Y_0。

完成 X、Y 方向对刀后，将 Z 轴抬起。停止主轴转动，再选择菜单命令"机床/拆除工具"，拆除基准工具。

2. Z 轴对刀

铣床的 Z 轴对刀采用实际加工时所要使用的刀具。

1）选择并装好刀具，进入"手动"方式。

2）选择菜单命令"塞尺检查"，选取 1mm 塞尺。

3）手动移动刀具到工件正上方，并靠近塞尺。此时使用手轮精确移动刀具向 Z 轴负方向运动，直到系统提示"塞尺检查：合适"为止，记下此时 CRT 屏幕显示的 Z 坐标值，记为 Z_1，则工件上表面中心的 Z 坐标值为

$$Z_0 = Z_1 - 1$$

3. 工件坐标系（G54）的设定

1）按下 MDI 键盘的参数设置键"OFFSET SETTING"。

2）单击软键"坐标系"。

3）将计算得到的 X_0、Y_0、Z_0 值依次输入到 G54 下，完成工件坐标系的设定。

三、铣床刀具补偿参数的设置

铣床的刀具补偿包括刀具的半径补偿和长度补偿。

1. 半径补偿参数的输入

FANUC 0i 系统的刀具半径补偿包括形状半径补偿和磨耗半径补偿。

1）按下 MDI 键盘的参数设置键，进入刀具补偿设定界面，如图 3-56 所示。

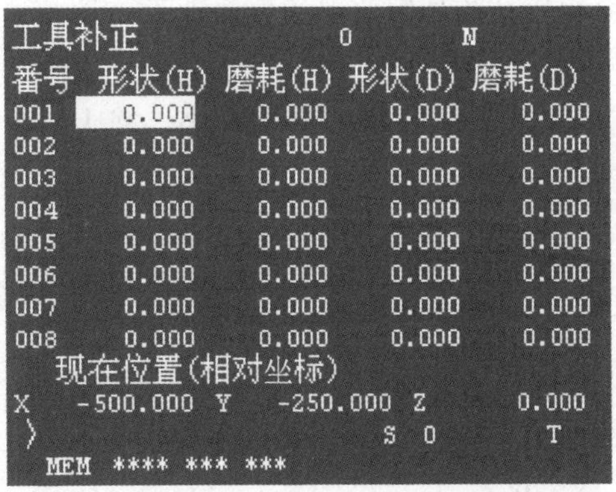

2）用方位键选择所需的番号，确定需要设定的半径补偿是形状补偿还是磨耗补偿，

图 3-56　刀具补偿设定界面

将光标移到相应的区域。

3）按下 MDI 键盘上的数字/字母键，输入刀具半径补偿参数。

4）单击软键“输入”或按“INPUT”键，输入参数到指定区域。按“CAN”键逐字删除输入区域中的字符。

注意：对一些低版本的 FANUC 系统，半径补偿参数若为 4mm，在输入时需输入“4.000”；如果只输入“4”，则系统默认为“0.004”。

2. 长度补偿参数的输入

长度补偿参数在刀具表中按需要输入，FANUC 0i 系统的刀具长度补偿包括形状长度补偿和磨耗长度补偿。

1）在 MDI 键盘上按下“OFFSET SETTING”键，进入刀具补偿设定界面，如图 3-56 所示。

2）用方位键选择所需的番号，并确定需要设定的长度补偿是形状补偿还是磨耗补偿，将光标移到相应的区域。

3）按下 MDI 键盘上的数字/字母键，输入刀具长度补偿参数。

4）同样可输入参数到指定区域或删除输入区域中的字符。

另外，数控铣床仿真中的程序数据处理以及自动加工仿真操作与数控车床仿真相同。

第四节 数控铣床编程实例

一、平面加工

1. 零件图分析

如图 3-57 所示的模板，其材料为 45 钢，表面基本平整。需要对上表面的平面进行加工，加工表面有一定的精度和表面粗糙度要求。

2. 工艺分析

模板的平面加工选用可转位硬质合金面铣刀，刀具装有 4 个刀片，直径为 ϕ63mm，使用该刀具可以获得较高的切削效率和表面加工质量。

3. 加工程序

1）铣平面的加工余量较小，约 1～2mm，铣一刀即可。设铣削后的上表面为 Z_0，加工程序如下：

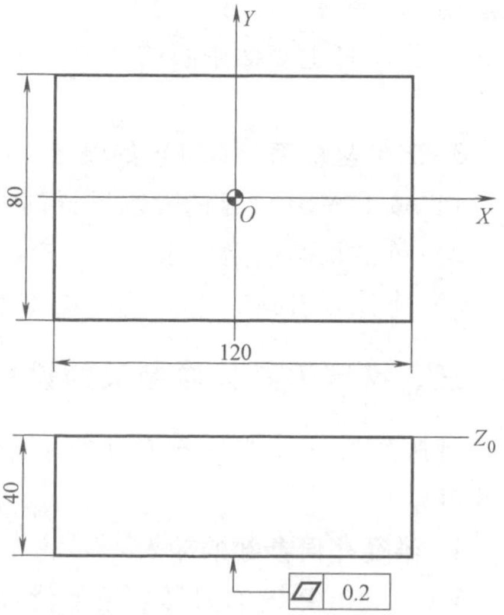

图 3-57 模板

```
O0018;
G54 G90 G00 X30 Y-80 M03 S800;
Z5;
G01 Z-2 F300;
Y40;
X-30;
Y-80;
```

G00 Z200；

M30；

2）所铣平面的加工余量较大，设留量 8mm，可用宏程序编程。设铣削后的上表面为 Z_0，编程如下：

O0019；

G54 G90 G00 X30 Y－80 M03 S800；

Z5；

G01 Z8 F300；

#1＝6；　　　　　　　　　　　　　　每层铣削 2mm 深

WHILE［#1GE0］DO1；

G01 Z#1；

Y40；

X－30；

Y－80；

G00 X30；

#1＝#1-2；

END1；

G00 Z200；

M30；

> 延伸思考：请用子程序编写铣平面的程序。

4. 零件检查

模板平面的平面度误差可用百分表检测，具体方法为：平面加工完成后，用百分表移动检测被测平面的两条对角线，百分表的最大与最小读数之差即为平面度误差（应小于 0.2mm）。

二、型腔加工

1. 零件图分析

图 3-58 所示为内轮廓型腔，要求对该型腔进行粗、精加工。

2. 工艺分析

（1）装夹定位　采用机用虎钳。

（2）加工路线　型腔的粗加工先用行切法分层去除中间余量，再用环切法去除残料，底面和侧面各留 0.2mm 的精加工余量；粗加工深度为 19.8mm，分 15 层切削，每层铣削深度为 1.32mm。

（3）加工刀具　粗加工采用 ϕ12mm 的硬质合金立铣刀，精加工采用 ϕ10mm 的硬质合金立铣刀。

3. 加工程序

O0020；

G54 G90 G00 X－33.8 Y23.8 M03 S800；　　ϕ12mm 硬质合金粗铣刀，底面及周边留 0.2mm 余量

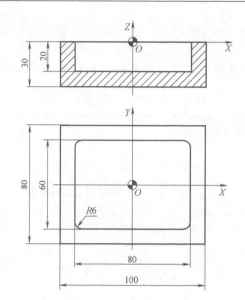

图 3-58　内轮廓型腔

Z2；

G01 Z0 F100；

#1 = − 1.32；
　　　　　　　　　　　　　　　　　层降 1.32mm(19.8mm/15)，硬质合金刀
　　　　　　　　　　　　　　　　　具每次下刀深度为铣刀直径的 1/10 ~
　　　　　　　　　　　　　　　　　1.2/10

WHILE[#1GE−19.8]DO1；

G01 Z#1 F300；

Y−23.8 F1500；

X23.8；
　　　　　　　　　　　　　　　　　行距 10mm

Y23.8；

X13.8；

Y−23.8；

X3.8；

Y23.8；

X−6.2；

Y−23.8；

X−16.2；

Y23.8；

X−26.2；

Y−23.8；

X−33.8；

Y23.8；

X33.8；

#1 = #1 − 1.32；

END1；

G01 Y-23.8 F300；　　　　　　　　　环切去除残料

X-33.8；

Y23.8；

X33.8；

G00 Z200；

M05；

M00；　　　　　　　　　　　　　手工换 ϕ10mm 硬质合金精铣刀,精铣底
面及轮廓

G54 G90 G00 X34.8 Y24.8 M03 S4000；

Z2；

G01 Z-20 F100；

Y-24.8 F1500；

X25.8；　　　　　　　　　　　　　行距9mm

Y24.8；

X16.8；

Y-24.8；

X7.8；

Y24.8；

X-1.2；

Y-24.8；

X-10.2；

Y24.8；

X-19.2；

Y-24.8；

X-28.2；

Y24.8；

X-34.8；

Y-24.8；

G01 G41 D1 X-34 Y-30；　　　　　　环切

X40,R6；

Y30,R6；

X-40,R6；

Y-30,R6；

G01 X-33；

G40 Y-20；

G00 Z200；

M30；

三、轮廓加工

1. 工艺分析

图 3-59 所示，内外轮廓加工所用刀具为 $\phi10mm$ 的立铣刀，为了降低表面粗糙度值，内外轮廓的铣削均采用刀具半径左补偿，以达到顺铣的效果。外轮廓加工，刀具由 $P_1 \to P_2$ 沿切线方向切入时建立刀具半径左补偿，切出时也沿切线方向 $P_2 \to P_3$ 取消半径补偿。内轮廓加工在切入切出时分别完成刀补的建立与取消，$P_4 \to P_5$ 为切入段，$P_6 \to P_4$ 为切出段。外轮廓加工完毕取消刀具半径左补偿，待刀具至 P_4 点准备切削内轮廓时，再建立刀具半径左补偿。

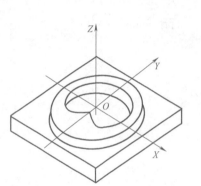
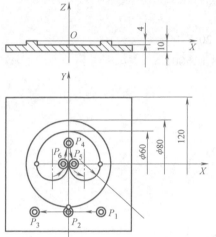

图 3-59　内轮廓加工实例

2. 数控编程

```
O0021；
G54 G90 G00；
M03 S1500；
G43 Z10 H01；
X30 Y-40；                      P₁
G41 X0 D01；                    P₂
G01 Z-4 F80；
G02 J40 F200
G00 Z5；
G40 X-30；                      P₃
X0 Y15；                        P₄
G01 Z-4 F80；
G41 G01 X0 Y0 D01 F200；        P₅
G03 X30 I15；
```

X-30 I-30；
X0 I15；　　　　　　　　　　　　　　P_6
G40 G01 Y15；
G49 G00 Z50；
X100 Y100；
M30；

四、综合加工实例

1. 编程实例

加工图 3-60 所示零件，毛坯尺寸为 100mm×100mm×20mm。试编写其数控铣床加工工序卡和加工程序。

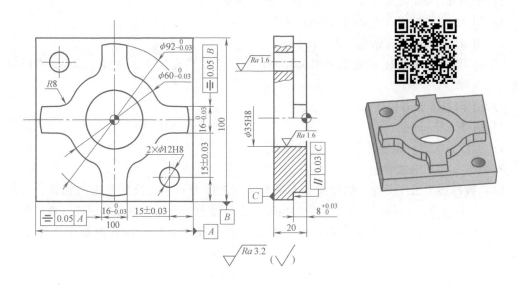

图 3-60　编程实例

知识点与技能点：
- 加工要求分析。
- 加工步骤分析。
- 数控加工刀具卡及工序卡。

编程与加工思路：本例是孔加工、轮廓加工的综合实例，其技能知识点涵盖了中级数控铣床的职业技能鉴定知识点。因此，本例可作为中级职业技能鉴定课题。加工时，要注意刀具的选择和加工工序的确定。

2. 零件精度及加工步骤分析

（1）零件精度分析

1）尺寸精度。如图 3-60 所示，精度要求较高的尺寸主要有：外圆直径 $\phi 92_{-0.03}^{0}$、$\phi 60_{-0.03}^{0}$；4 处长度尺寸 $16_{-0.03}^{0}$；深度尺寸 $8_{0}^{+0.03}$；孔径尺寸 $\phi 35H8$、$\phi 12H8$ 等。

尺寸精度要求主要通过在加工过程中的精确对刀、正确选用刀具及刀具磨损量、正确选用合适的加工工艺等措施来保证。

2）形状和位置精度。主要的几何精度有：尺寸 $16_{-0.03}^{\ 0}$ 相对于外形轮廓的对称度要求；加工表面与底平面的平行度要求；孔的定位精度要求等。

形状和位置精度要求主要通过工件在夹具中的正确安装、找正等措施来保证。

3）表面粗糙度。所有轮廓铣削的表面粗糙度值要求均为 $Ra3.2\mu m$，孔的表面粗糙度值要求为 $Ra1.6\mu m$。

表面粗糙度要求主要通过选用合适的加工方法、选用正确的粗、精加工路线、选用合适的切削用量等措施来保证。

（2）加工步骤分析

1）选用 ϕ14mm 高速钢立铣刀粗加工外形轮廓，保留 0.3mm 的精加工余量。

2）选用 ϕ12mm 硬质合金立铣刀精加工外形轮廓。

3）用 A3 中心钻对 3 个孔进行定位。

4）用 ϕ11.8mm 钻头钻孔（3 个孔）。

5）选用 ϕ14mm 高速钢立铣刀对 ϕ35mm 的孔进行扩孔加工；保留 0.3mm 的精加工余量。

6）用 ϕ12H8 铰刀铰孔。

7）精镗 ϕ35mm 孔。

8）工件去毛刺、倒棱并进行自检与自查。

3. 数控加工工艺文件

（1）数控加工工序卡片　数控加工工序卡片（工序卡）主要反映使用的辅具、刀具规格、切削用量参数、切削液、加工工步等内容，它是操作人员配合数控程序进行数控加工的主要指导性工艺资料。工序卡应按已确定的工步顺序填写。本例的数控加工工序卡片见表 3-5。

表 3-5　数控加工工序卡片

数控加工工序卡片			产品代号	零件名称		零件图号
				中级技能鉴定		J—1
工序号	程序编号	夹具名称	夹具编号	使用设备		车间
		机用平口钳		XK7136		
工步号	工步内容（加工面）	刀具号	刀具规格	主轴转速 /(r/min)	进给速度 /(mm/min)	背吃刀量 /mm
1	粗加工外形轮廓	T01	ϕ14mm 立铣刀	600	150	8
2	精加工外形轮廓	T02	ϕ12mm 立铣刀	2000	100	10
3	中心钻进行孔定位	T03	A3 中心钻	2500	50	
4	钻孔	T04	ϕ11.8mm 钻头	600	50	
5	扩孔	T01	ϕ14mm 立铣刀	600	100	8
6	铰孔	T05	ϕ12H8 铰刀	200	60	
7	精镗孔	T06	ϕ35mm 精镗刀	1000	50	
编制		审核	批准		共　页	第　页

若在数控机床上只加工零件的一个工步时，也可不填写工序卡。在工序加工内容不十分复杂时，可把零件草图反映在工序卡上，并注明对刀点和编程原点。

（2）数控刀具调整单 数控刀具调整单主要包括数控刀具卡片（简称刀具卡）和数控刀具明细表（简称刀具表）两部分。

数控铣床数控刀具卡片详细记录了每一把数控刀具的刀具编号、刀具结构、尾柄规格、组合件名称代号、刀片型号和材料等，它是组装刀具和调整刀具的依据。

数控刀具明细表是调刀人员调整刀具输入的主要依据。刀具明细见表3-6。

表3-6 数控刀具明细表

零件图号	零件名称	材 料	数控刀具明细表			程序编号	车间	使用设备
J—1	中级	45钢						XK7136
刀号	刀位号	刀具名称	刀具图号	刀 具		刀补地址	换刀方式	加工部位
				直径/mm	长度/mm			
				设定	补偿	设定	直径	长度	自动/手动	
J13001	T01	立铣刀	01	φ14	R6.7	100	D01	H01	手动	
J13006	T06	精镗刀	06	φ35		237	D06	H06	手动	
...										
编制		审核		批准		年 月 日	共 页	第 页

（3）数控加工程序单 数控加工程序单是编程员根据工艺分析情况，经过数值计算，按照机床特点的指令代码编制的。它是记录数控加工工艺过程、工艺参数、位移数据的清单以及手动数据输入（MDI）和置备控制介质、实现数控加工的主要依据。

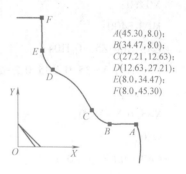

A(45.30, 8.0);
B(34.47, 8.0);
C(27.21, 12.63);
D(12.63, 27.21);
E(8.0, 34.47);
F(8.0, 45.30);

图3-61 基点坐标

4. 数控程序的编写

（1）基点计算 采用CAXA制造工程师软件分析出的基点坐标如图3-61所示，其余基点坐标与图中各点对称。

（2）方法一 一次下刀铣削轮廓，数控铣床加工程序如下（刀具为1号，φ14mm立铣刀）：

O0022; 轮廓加工程序（程序名）

G54 G90 G00 Z50;

M03 S1000;

Z10;

X60 Y60;

G01 Z-8.0 F50; Z 向定位至加工高度

#100 = 360.0;

N80 G68 X0 Y0 R#100; 采用坐标旋转编程方法

M98 P211;

G69;

```
#100＝#100-90.0；

IF［#100 GT 0.0］GOTO 80；

G91 G28 Z0；

M30；

O0211；                        外轮廓子程序

G00 X15 Y60

G41 G01 X8.0 Y50.0 D01；

Y34.47；

G03 X12.63 Y27.21 R8.0；

G02 X27.1 Y12.63 R30.0；

G03 X34.47 Y8.0 R8.0；

G01 X45.30 Y8.0；

G02 Y-8.0 R46.0；

G40 G01 Y-30；                 取消刀补

M99；                          返回主程序

O0212；                        钻孔程序

G54 G90 G00；

X0 Y0；

M03 S400；

G43 G00 Z50.0 H04；            定位至初始平面

G99 G81 X-35.0 Y35.0 Z-25.0 R3.0 F50；

X0 Y0；

X35.0 Y-35.0；                 钻 3 个孔

G80；

G49 G00 Z50 M05；

G91 G28 Z0；

M30；
```

（3）方法二　按照中心轨迹编程从开荒起确定刀具的进给路线，利用旋转指令将1/4轮廓编成子程序；另外，零件的深度分4次切削，采用子程序二级嵌套，从而使编程难度加大。程序如下：

```
O1103；

G54 G90 G40 G49 G69；

G00 X65 Y65；

Z10；

M03 S1200；

G01 Z0 F100；                  对 8mm 深的轮廓分 4 层铣削

M98 P41104；
```

G00 Z50；

M30；

O1104；

G91 G01 Z-2 F100；　　　　每次下刀 2mm 深

M98 P1105；

G68 X0 Y0 R270；

M98 P1105；

G68 X0 Y0 R180；

M98 P1105；

G68 X0 Y0 R90；

M98 P1105；

G69；

M99；

O1105；　　　　　　　　　ϕ14mm 立铣刀

G01 G90 X60 Y43 F200；

G01 X47；　　　　　　　　中心轨迹编程，去除残料（开荒）

X43 Y49；

X31；

X49 Y31；

Y19；

X19 Y49；

Y60；

G41 X8 Y46 D1；　　　　　建立刀补铣削 1/4 轮廓

Y34.47；

G03 X12.63 Y27.21 R8；

G02 X27.21 Y12.63 R30；

G03 X34.47 Y8 R8；

G01 X45.3；

G02 X45.3 Y-8 R46；

G01 G40 X60 Y-19；

M99；

注意：1）除选择不同的刀具及刀具补偿外，轮廓粗精加工程序类似。

　　　2）铰孔、精镗孔等加工程序略。

习　题　三

3-1　简述数控铣床的主要加工范围和铣削方式。

3-2 如何选择数控铣刀?

3-3 选择铣削用量时应考虑哪些问题?

3-4 数控铣削加工中走刀路线如何确定?

3-5 铣削加工时,如何确定进刀、退刀方式?

3-6 简述型腔粗铣加工的工艺方法。

3-7 简述用 G54~G59 指令设定工件坐标系的方法、特点及使用场合。

3-8 试分析比较顺铣与逆铣的特点及应用场合;为了保证加工质量,顺铣、逆铣如何与 G41、G42 指令相结合?

3-9 使用圆弧插补指令 G02 或 G03 时应注意什么?

3-10 试说明 G41、G42、G40 指令的意义。铣削加工时,建立刀具半径补偿的意义是什么?使用刀具半径补偿应注意哪些事项?

3-11 说明 G43、G44 指令和 G49 指令的含义,在铣削加工中如何使用刀具长度补偿?

3-12 使用坐标旋转指令应注意什么?

3-13 简述 FANUC 0i 数控铣床系统对刀的操作过程。

3-14 按图 3-62 所示路线编制加工程序。

3-15 按图 3-63 所示的进给路线编制程序。已知毛坯孔径为 96mm,$n = 800$r/min,$f = 180$mm/min。

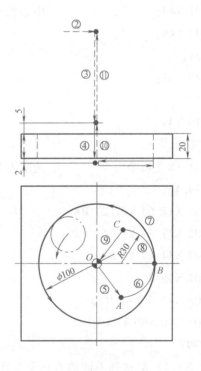

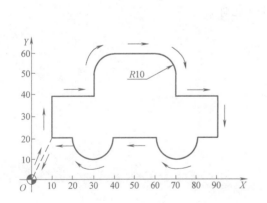

图 3-62 习题 3-14 图   图 3-63 习题 3-15 图

3-16 如图 3-64 所示,毛坯尺寸为 80mm×80mm×50mm,刀具选用 φ6mm 的球头铣刀,试切换坐标平面,一次装夹在五个平面上仿真加工该零件。

3-17 试编制图 3-65~图 3-71 所示零件的加工程序。

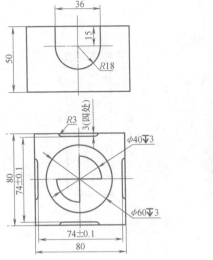

图 3-64　习题 3-16 图

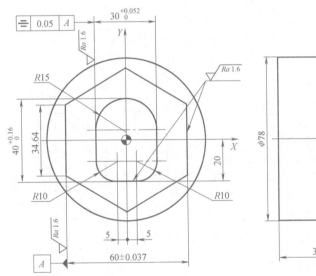
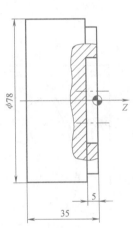

图 3-65　习题 3-17 图（一）

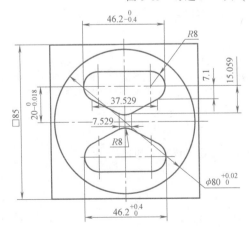
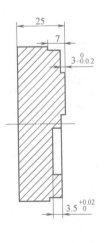

图 3-66　习题 3-17 图（二）

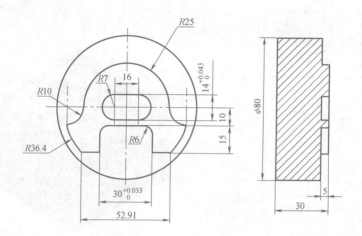

图 3-67　习题 3-17 图（三）

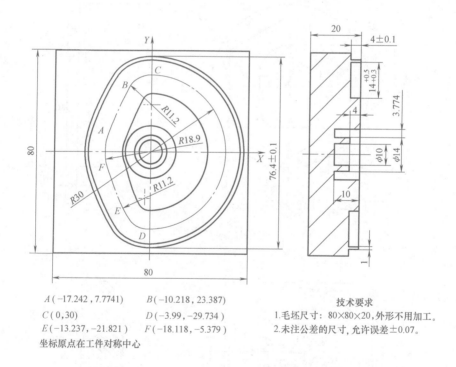

$A(-17.242, 7.7741)$　　$B(-10.218, 23.387)$

$C(0, 30)$　　　　　　$D(-3.99, -29.734)$

$E(-13.237, -21.821)$　$F(-18.118, -5.379)$

坐标原点在工件对称中心

技术要求

1.毛坯尺寸：80×80×20，外形不用加工。

2.未注公差的尺寸，允许误差±0.07。

图 3-68　习题 3-17 图（四）

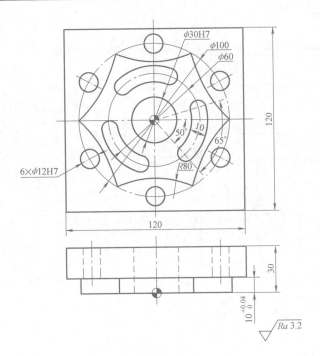

图 3-69　习题 3-17 图（五）

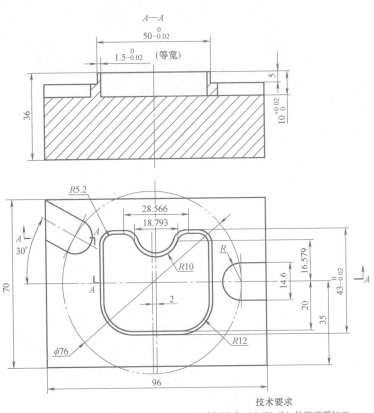

技术要求
1.毛坯尺寸：96×70×36,外形不要加工。
2.未注公差的尺寸,允许误差±0.07。

图 3-70　习题 3-17 图（六）

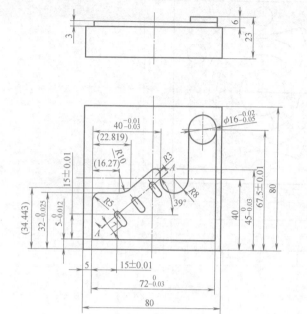

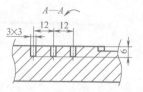

技术要求

1.毛坯尺寸：80×80×23，外形不必加工。

2.未注公差的尺寸，允许误差±0.07。

图 3-71 习题 3-17 图（七）

第四章

加工中心编程与操作

加工中心配备的数控系统，其功能、指令都比较齐全。数控铣床编程中介绍的 G、M、S、F 等指令基本上都适用于加工中心，因而对这些指令不再进行重复说明。本章主要介绍一些加工中心的典型指令。

第一节　典型编程指令

一、孔加工固定循环

一般来说，数控加工中一个动作对应一个程序段，但对于镗孔、钻孔、攻螺纹等孔加工，可以用一个程序段完成孔加工的全部动作，这样会使编程变得非常简单。

1. 指令格式

（G90/G91）（G98/G99）G＿X＿Y＿Z＿R＿Q＿P＿F＿L＿；

指令中参数含义如下：

G98 表示返回平面为初始平面；

G99 表示返回平面为安全平面（G98、G99 为模态功能，可相互注销，G98 为默认值）；

G＿为循环模式；

X＿Y＿为孔的位置；

Z＿为孔底坐标；

R＿为安全平面位置；

Q＿为每次进给时的背吃刀量；

P＿为在孔底暂停的时间；

F＿为进给速度；

L＿为固定循环的重复次数。

2. 孔加工循环过程

孔加工循环过程的 6 个动作如图 4-1 所示。

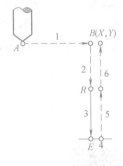

图 4-1　孔加工循环过程

1）$A \rightarrow B$ 为刀具在初始平面内快速定位到孔位置坐标（X，Y），即循环起点 B。

2）$B \rightarrow R$ 为刀具沿 Z 轴方向快进至安全平面，即 R 点平面。

3）$R \rightarrow E$ 为孔加工过程（如钻孔、镗孔、攻螺纹等），此时以进给速度进给。

4）E 点为孔底动作（如进给暂停、刀具移动、主轴暂停、主轴反转等）。

5）E→R 为刀具快速返回安全平面。

6）R→B 为刀具快退至起始高度（B 点高度）。

3. 常用固定循环方式

（1）钻孔循环指令 G73、G81、G83　图 4-2 所示为三种典型的钻孔循环方式。

1）高速啄式钻孔循环指令 G73 格式：

G73 X __ Y __ Z __ R __ Q __ F __ ;

如图 4-3 所示，G73 指令用于钻孔时间断进给（啄式钻孔），有利于断屑、排屑，适用于深孔加工。图 4-3 中：Q 为分步进给时的背吃刀量，最后一次进给的背吃刀量应小于或等于 Q；退刀距离为 d（由系统内部设定）。

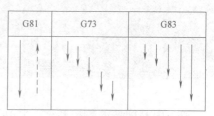

图 4-2　三种典型的钻孔循环方式

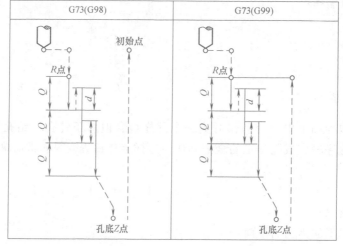

图 4-3　G73 高速啄式钻孔循环

2）深孔钻削循环指令 G83 格式：

G83 X __ Y __ Z __ R __ Q __ F __ ;

如图 4-4 所示，G83 指令适用于深孔钻削。和 G73 指令相同，钻孔时间断进给，有利于断屑和排屑。图中，Q 和 d 的含义与 G73 指令中相同。G83 和 G73 指令的区别在于，G83 指

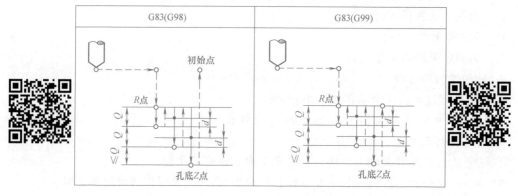

图 4-4　G83 深孔钻削循环

令在每次进给后返回 R 点，这有利于深孔钻削时排屑。

注意：d 的值一般为 0.1mm，可以通过修改机床参数进行修改和调整。

3）钻孔循环指令 G81 格式：

G81 X＿＿ Y＿＿ Z＿＿ R＿＿ F＿＿；

G81 指令为一般孔的加工指令。其中，R 为安全平面高度，F 为进给速度。G81 钻孔循环如图 4-5 所示。

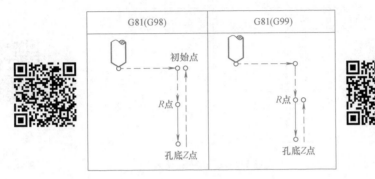

图 4-5　G81 钻孔循环

（2）螺纹加工循环指令 G74、G84

1）左旋螺纹加工指令 G74 格式：

G74 X＿＿ Y＿＿ Z＿＿ R＿＿ P＿＿ F＿＿；

G74 指令为左旋螺纹加工指令（图 4-6）。其中，R 为安全平面高度（一般要求不得小于 7mm），P 为丝锥在孔底暂停的时间（单位为 ms），F 为进给速度。进给速度 F 的计算公式为

$$进给速度 = 转速 \times 螺距$$

加工过程中，刀具反转（逆时针旋转）进刀，先快进至 R 点，再以 F 设定的进给速度切削至孔底 Z 点，按 P 设定的时间暂停，再正转（顺时针旋转）退刀。

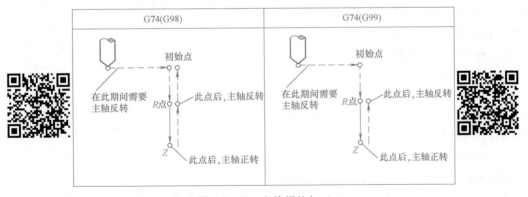

图 4-6　G74 左旋螺纹加工

2）右旋螺纹加工指令 G84 格式：

G84 X＿＿ Y＿＿ Z＿＿ R＿＿ P＿＿ F＿＿；

G84 指令与 G74 指令的区别在于主轴旋向相反，其他与 G74 指令相同。

（3）镗孔循环指令 G76、G82、G85、G86、G87

1）精镗孔循环指令 G76 格式：

G76 X __ Y __ Z __ R __ Q __ F __ ;

如图 4-7 所示，G76 指令为精镗孔循环指令。执行 G76 指令精镗孔至孔底后，要进行 3 个孔底动作，即进给暂停（P）、主轴准停（OSS，即定向停止）和刀具偏移距离（Q），然后刀具退出，这样可以避免刀尖划伤精镗表面。

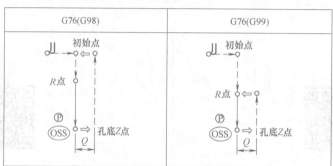

图 4-7　G76 精镗孔循环

孔底让刀图解如图 4-8 所示。

2）不通孔、台阶孔镗孔循环指令 G82 格式：

G82 X __ Y __ Z __ R __ P __ F __ ;

G82 指令为不通孔、台阶孔镗孔循环指令。G82 指令和 G81 指令的区别在于 G82 指令使刀具在孔底暂停，暂停时间用 P 来指定。

3）镗孔循环指令 G85 格式：

G85 X __ Y __ Z __ R __ F __ ;

G85 指令为镗孔循环指令，适用于一般孔的加工。镗孔时，主轴正转，刀具以进给速度镗孔至孔底后，以进给速度退出，无孔底动作。

4）镗孔循环指令 G86 格式：

G86 X __ Y __ Z __ R __ F __ ;

G86 指令也是镗孔循环指令。G86 指令和 G85 指令的区别是，执行 G86 指令，刀具到达孔底位置后，主轴停止并快速退回。

图 4-8　孔底让刀图解

5）背镗孔循环指令 G87 格式：

G98 G87 X __ Y __ Z __ R __ Q __ F __ ;

如图 4-9a 所示为背镗加工阶梯孔，在已有通孔 D_1 的基础上背镗孔 D_2。图 4-9b 所示为背镗孔循环示意图，刀具运动到初始点 B（X，Y）后，主轴准停，刀具沿刀尖的反方向偏移 Q 值，然后快速运动到 R 点平面（R 点平面位于工件进刀一侧的背面以外），刀具沿刀尖方向偏移 Q 值，使主轴中心与孔心坐标重合，主轴正转，刀具工进镗孔至孔底位置（孔底位于工件体内阶梯孔的连接面上），主轴准停，刀具沿刀尖的反方向偏移 Q 值，轴向快退至初始平面后，接着沿刀具正方向偏移到 B 点，本加工循环结束，继续执行下一段程序。G87

背镗孔循环指令的动作分解参见表 4-1。

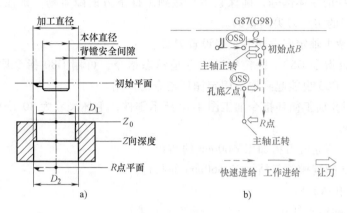

图 4-9　背镗孔循环

a）背镗加工阶梯孔　b）背镗孔循环示意图

表 4-1　G87 背镗孔循环指令动作分解

步骤	背镗孔 G87 循环
1	快速运动至 (X,Y) 位置
2	主轴停止旋转
3	主轴定位（主轴准停）
4	根据 Q 值退出或移动距离（刀尖相反方向）
5	快速运动到 R 点平面（R 点在孔底以下）
6	根据 Q 值在刀尖方向移动距离
7	主轴顺时针旋转 M03
8	进给运动至 Z 向深度（向上）
9	主轴停止旋转
10	主轴定位（主轴准停）
11	根据 Q 值退出或移动距离（刀尖相反方向）
12	快速退刀至初始平面
13	根据 Q 值在刀尖方向移动距离
14	主轴旋转

背镗孔循环指令 G87 注意事项：

①安装镗刀杆时必须预先调整，以与背镗所需的直径匹配，如图 4-9a 所示，其切削刃必须在主轴定位模式下设置，且面向相反方向而不是移动方向。

②鉴于 R 点平面的位置，执行背镗孔循环 G87 指令，刀具只能返回初始平面。因此，G87 指令前只能出现 G98，G99 不能与 G87 同时使用。

③背镗孔之前必须加工通孔。

④背镗孔循环的 Q 值必须大于两个直径之差的一半 $[(D_2-D_1)/2]$ 再加上标准的最小

Q 值（0.3mm）。

⑤ 注意镗刀杆的主体部分，确保它不会碰到工件下方的障碍物。记住刀具长度偏置从切削刃而不是镗刀的实际刀尖测量的。

⑥ 一定要清楚主轴定向方向并正确设置刀具。

（4）循环结束指令 G80　固定循环指令是模态指令，可用 G80 指令取消循环。此外，G00、G01、G02、G03 也能起到取消固定循环指令的作用。

【例 4-1】　用孔加工循环指令加工图 4-10 所示零件，毛坯尺寸为 80mm×80mm×25mm。

（1）工艺分析

1）用 ϕ16mm 的立铣刀粗加工 ϕ60mm 的凸台。

2）用 ϕ10mm 的键槽铣刀精加工 ϕ60mm 的凸台。

3）钻各中心孔 A2.5。

4）用 ϕ5mm 的钻头钻孔。

5）用 ϕ3mm 的钻头钻孔。

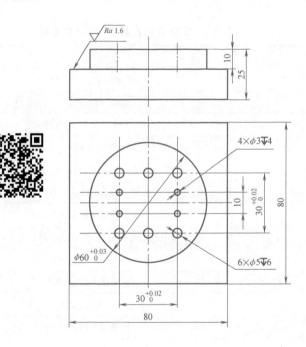

图 4-10　孔加工循环举例

（2）参考程序

程序	说明
O0001；	
G91 G28 Z0；	以当前点为中间点回换刀参考点
M06 T01；	ϕ16mm 立铣刀
M03 S600；	
G54 G90 G40 G00 X-50.0 Y0；	
G43 G00 Z5.0 H01；	调用刀具长度补偿
G01 Z-10.0 F50；	Z 向下刀

G02 I50. 0 F100；   中心轨迹编程，整圆铣凸台残料

G01 X-38. 2；

G02 I38. 2；   粗铣凸台，单边留 0.2mm 精加工余量

G49 G00 Z150. 0；   取消刀具长度补偿

M05；   主轴停转

G28 G91 Z0；   回换刀参考点

M06 T02； ϕ10mm 键槽铣刀

G90 M03 S800；

G00 X-40. 0 Y-20. 0；

G43 Z5. 0 H02；

G01 Z-10. 0 F50；

G41 G01 X-30. 0 D02；   建立刀具半径左补偿

Y0. 0；

G02 I30. 0；   精铣 ϕ60mm 凸台

G01 Y20. 0；

G40 X-40；   取消刀具半径补偿

G49 G00 Z150. 0；

M05；

G28 G91 Z0；

M06 T03；   中心钻

G90 M03 S2500；

G43 G00 Z50. 0 H03；

G99 G81 X-15. 0 Y-15. 0 Z-4. 0 R5. 0 F40；   钻中心孔

X0；

X15. 0；

Y-5. 0；

Y5. 0；

Y15. 0；

X0；

X-15. 0；

Y5. 0；

Y-5. 0；

G49 G00 Z150. 0；

M05；

G28 G91 Z0；

M06 T04； ϕ5mm 钻头

G90 M03 S1200；

G43 G00 Z50. 0 H04；

```
G99 G81 X-15.0 Y-15.0 Z-6.0 R5.0 F40;     G81 钻孔循环钻 φ5mm 的孔
X0;                                        依次钻其他 5 个孔
X15.0;
Y15.0;
X0;
X-15.0;
G49 G00 Z150.0;
M05;
G28 G91 Z0;
M06 T05;                                   φ3mm 钻头
G90 M03 S1500;
G43 G00 Z50.0 H05;
G99 G81 X-15.0 Y-5.0 Z-4.0 R5.0 F40;       钻 φ3mm 的孔
X15.0;
Y5.0;
X-15.0;
G49 G00 Z150.0;
M05;
M30;                                       程序结束
```

二、宏程序

加工中心所用宏程序的基本知识如变量、算术和逻辑运算、程序的控制指令等与数控车床宏程序一样，在这里就不做介绍了。下面通过几个典型例题说明宏程序在加工中心上的应用。

1. 用立铣刀加工球面台、用球头铣刀加工凹球面的宏程序

【例 4-2】 如图 4-11 所示，球面台的半径为 20mm（#2）、展角 67°（#6），立铣刀的半径为 8mm（#3），球头铣刀的半径为 6mm（#3）。在对刀及编程时应注意，球头铣刀的刀位点在球心处。

用立铣刀加工球面台的宏程序如下：

```
O0002;
G54 G90;
G28;
M06 T01;
M03 S1000;
G43 G00 Z10.0 H01;
X8.0 Y0;
Z2.0;
G01 Z0 F50;                                刀具移动到工件表面
#1 = 0;                                     定义变量的初值（角度初始值）
```

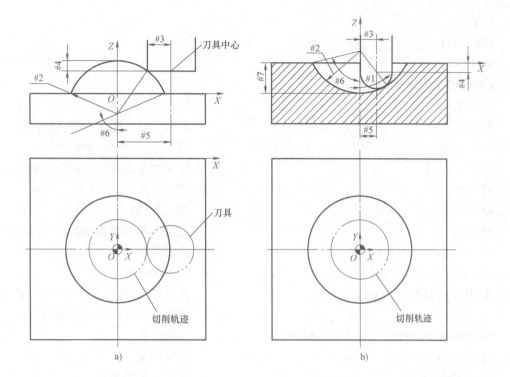

图 4-11　球面台与凹球面宏程序加工
a）加工球面台　b）加工凹球面

#2 = 20；	定义变量（球半径）
#3 = 8；	定义变量（刀具半径）
#6 = 67；	定义变量的初值（角度终止值）
N10 #4 = #2 * [1−COS[#1]]；	计算变量
#5 = #3+#2 * SIN[#1]；	计算变量
G01 X#5 Y0 F200；	每层加工时,X 方向的起始位置
Z−#4 F50；	到下一层的定位
G02 I−#5 F200；	
#1 = #1+1；	更新角度
IF[#1LE#6]GOTO10	条件语句,当#1≤67°时,转向 N10 语句循环,加工球面台

G49 G00 Z200.0；

M30；

用球头铣刀加工凹球面的宏程序如下：

O0002；

G54 G90；

```
G28；
M06 T01；
M03 S1000；
G43 G00 Z10.0 H01；
X0 Y0；
Z8.0；                          Z 轴下刀。注意：球头铣刀的
                               刀位点 Z<6mm 就会撞刀

#1 = 1；                        定义变量的初值（角度初始值）
#2 = 20；                       定义变量（球半径）
#3 = 6；                        定义变量（刀具半径）
#6 = 67；                       定义变量的初值（角度终止值）
#7 = #2-#2 ∗ COS［#6］；          计算变量
G01 Z-［#7-#3］F50；              刀具向下切削
WHILE［#1LE#6］DO1；             循环语句，当#1≤67°时，在 WHILE 和
                               END 之间循环，加工凹球面

#4 =［#2-#3］∗ COS［#1］- #2 ∗ COS［#6］；  计算变量
#5 =［#2-#3］∗ SIN［#1］；         计算变量
Z-#4 F50；                      到上一层的定位
G01 X#5 Y0 F200；               每层加工时，X 方向的起始位置
G03 I-#5 F200；
#1 = #1+1；                     更新角度
END1；                          循环结束
G49 G00 Z200.0；
M30；
```

2. 用键槽铣刀加工圆锥台的宏程序

【例 4-3】 如图 4-12 所示，圆锥台上平面的半径为 12mm（#2），下平面的半径为 20mm（#3），键槽铣刀的半径为 6mm（#6），圆锥台 $R20$mm 以外的部分已切除，即已加工出圆柱。

（1）用放射切削（沿圆锥台素线）时，编写的宏程序

```
O0003；
G54 G90；
G28；
M06 T01；
M03 S1000；
G43 G00 Z10.0 H01；
X18.0 Y0；
G01 Z1.0 F50；                  Z 向进给
#1 = 0；                        定义变量的初值（角度初始值）
#2 = 12；                       定义变量（圆锥台上平面的半径）
#3 = 20；                       定义变量（圆锥台下平面的半径）
```

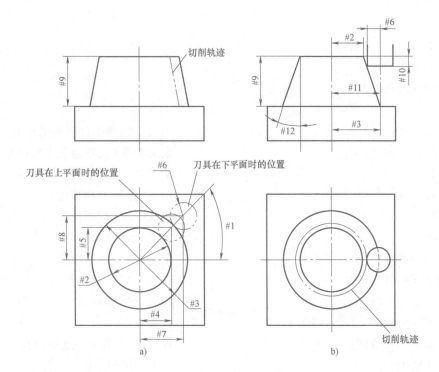

图 4-12　圆锥台宏程序加工

a）放射切削　b）等高切削

#6 = 6；	定义变量（刀具半径）
#9 = 20；	定义变量（圆锥台高）
N10 #4 = ［#2+#6］ ＊ COS［#1］；	计算变量
#5 = ［#2+#6］ ＊ SIN［#1］；	计算变量
#7 = ［#3+#6］ ＊ COS［#1］；	计算变量
#8 = ［#3+#6］ ＊ SIN［#1］；	计算变量
G01 X#4 Y#5 Z0 F200；	铣削时,圆锥台上平面的起始位置
G01 X#7 Y#8 Z-#9；	铣削时,圆锥台下平面的终止位置
G00 Z0；	快速抬刀
#1 = #1+1；	更新角度
IF［#1LE360］GOTO10	条件语句,当#1≤360°时,转向 N10 语句循环,加工圆锥台

G49 G00 Z200. 0；

M30；

（2）用等高切削时，编写的宏程序

O0003；

G54 G90；

G28；

M06 T01；

M03 S1000；

G43 G00 Z10.0 H01；

X18.0 Y0；

G01 Z0 F50；　　　　　　　　　　　刀具移动到工件表面的平面

#2＝12；　　　　　　　　　　　　　定义变量（圆锥台上平面的半径）

#3＝20；　　　　　　　　　　　　　定义变量（圆锥台下平面的半径）

#6＝6；　　　　　　　　　　　　　 定义变量（刀具半径）

#9＝20；　　　　　　　　　　　　　定义变量（圆锥台高）

#10＝0；　　　　　　　　　　　　　定义变量的初值

#12＝ATAN［#3-#2］/［#9］；　　 定义变量（计算角度）

WHILE［#10LE#9］DO1；　　　　　 循环语句，当#10≤#9时，在WHILE和 END之间循环，加工圆锥台

#11＝#2+#6+#10＊TAN［#12］；　　 计算变量

G01 X#11 Y0 F200；　　　　　　　 铣削时，X方向的起始位置

Z-#10 F50；　　　　　　　　　　　到下一层的定位

G02 I-#11 F200；　　　　　　　　　顺时针加工整圆，分层等高加工圆锥台

#10＝#10+0.1；　　　　　　　　　　更新层高

END1；　　　　　　　　　　　　　　循环结束

G49 G00 Z200.0；

M30；

3. 加工抛物线回转体的宏程序

【例4-4】 用φ16mm的立铣刀加工图4-13a中的凸模（R42.426mm的圆台已加工好），用φ16mm的球头铣刀加工图4-13b中的凹模，加工时一般采用等高切削。

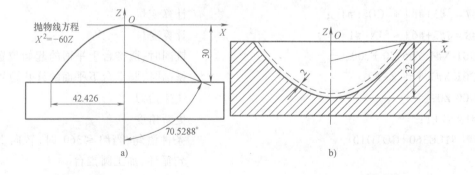

图4-13　凸、凹模宏程序加工
a）凸模　b）凹模

（1）加工凸模的宏程序

O0001；

G54 G90 G17 G00 X60.0 Y0 M03 S1000；

Z5.0；

G01 Z-30.0 F100；

#1=8.0； ϕ16mm 立铣刀的刀具半径

#2=-30.0； Z 坐标初值

WHILE[#2LE0]DO1；

#3=SQRT[-60*#2]+#1； X 坐标初值

G01 X#3 Z#2；   整圆起点

G02 I[-#3]；

#2=#2+0.5；

END1；

G00 Z200.0；

M30；

（2）加工凹模的宏程序

O0004；

G54 G90；

G28；

M06 T01；

M03 S1000；

G43 G00 Z10.0 H01；   （注意球头铣刀的刀位点，$Z<$8mm 就会撞刀）

X0 Y0；

G01 Z-24.0 F50； Z 轴下刀

#1=30；   定义变量的初值（极半径）

#2=179；   定义变量（极角），从最低点开始向上进行等高铣削

#3=6；   定义变量（刀具半径-壁厚）

WHILE[#2GE70.5288]DO1；   循环语句，当#2≥70.5288°时，在 WHILE 和 END 之间循环

#4=#1*SIN[#2]/[1-COS[#2]]-#3*COS[#2/2]；   计算变量

#5=#1*COS[#2]/[1-COS[#2]]+#1/2+#3*SIN[#2/2]-30；   计算变量

G01 Z#5 F50；   到上一层的定位

X#4 Y0 F100；   每层加工 X 方向的起始位置

G03 I-#4；   逆时针加工整圆，分层等高加工凹模

#2=#2-1；   更新角度

END1；   循环结束

G49 G00 Z200.0；

M30；

4. 用铣刀螺旋铣内孔

【例 4-5】 试用 $\phi 12mm$ 的立铣刀加工图 4-14 所示的阶梯孔零件。

（1）分析 在生产实践中经常会遇到各种孔的加工，若按常规加工工艺采用粗镗、半精镗加工孔，需占用多把刀具；如果改用铣刀通过计算刀具插补半径，即可完成孔的半精加工（建议精加工采用铰孔或镗孔）。对于单件小批生产中多规格孔的加工，采用铣刀螺旋铣内孔的方法可节省大量刀具。

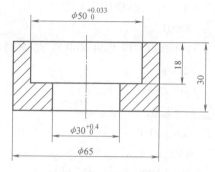

图 4-14 阶梯孔零件

（2）工艺过程

1）钻工艺孔 $\phi 12mm$。

2）用直径 $\phi 12mm$ 的硬质合金键槽铣刀螺旋铣 $\phi 30^{+0.4}_{0}mm$ 通孔至 $\phi 30.2mm$。

3）螺旋半精铣孔 $\phi 50^{+0.033}_{0}mm$ 至 $\phi 49.8mm$。

（3）螺旋铣 $\phi 30.2mm$ 通孔的程序

```
O0001;
G54 G90 G00 X0 Y0;
M03 S3000;
Z5;
X9.1;
G01 Z0 F500;
#1=-2
WHILE[#1GE-32]DO1;
G03 I-9.1 Z#1 F800;
#1=#1-2;
END1;
G00 X0;
G00 Z200;
M30;
```

30.2/2-6，即孔半径-立铣刀半径

孔深至 32mm
螺旋铣

（4）螺旋铣 $\phi 49.8mm$ 阶梯孔的程序

```
O0002;
G54 G90 G00 X0 Y0;
M03 S3000;
Z5;
X18.9;
G01 Z0 F500;
#1=-2;
WHILE[#1GE-18]DO1;
G03 I-18.9 Z#1 F800;
#1=#1-2;
```

49.8/2-6，即孔半径-立铣刀半径

孔深 18mm
螺旋铣

END1；

G03 I-18.9；　　　　　　　　　　　孔底铣一周,铣平孔底

G00 X0；

G00 Z200；

M30；

5. 孔口倒圆的宏程序

【例 4-6】　如图 4-15 所示 ϕ40mm 的圆柱孔已经加工完毕，试用 R5mm 的球头铣刀在 ϕ40mm 孔口倒圆，倒圆半径为 5mm（注：对刀时刀位点在球心）。

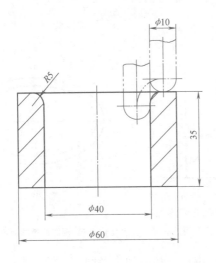
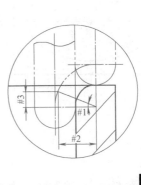

图 4-15　孔口倒圆

编写程序如下：

O00003；

G00 G90 G54 X0 Y0 M03 S4000；

Z5；

G01 Z-5 F1000；

X15；　　　　　　　　　　　　　40/2-5,即孔半径-立铣刀半径

#1＝0；　　　　　　　　　　　　设角度为变量

WHILE[#1LE90]DO1；

#2＝10 ∗ COS[#1]；

#3＝10 ∗ SIN[#1]；

G01 X[25-#2] Z[-5+#3]；

G03 I[#2-25]；

#1＝#1+2；

END1；

G00 Z100；

M30；

6. 加工椭圆及椭圆倒圆角宏程序

【例 4-7】 试用 φ16mm 的立铣刀加工图 4-16a 所示椭圆（长轴为 50mm，短轴为 30mm）的周边轮廓，并用 φ10mm 的球头铣刀为椭圆外角倒圆，倒圆半径 5mm。

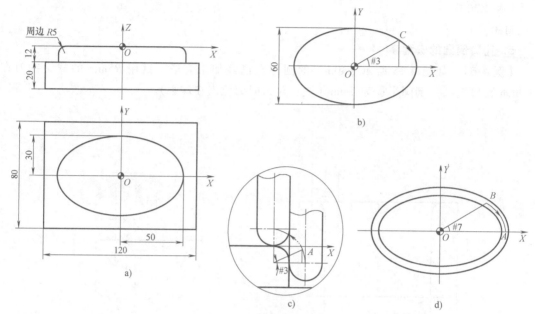

图 4-16 椭圆宏程序加工

a）带 R5mm 倒圆的椭圆　b）椭圆转角　c）椭圆倒圆的 Z 向角度变化　d）倒圆后椭圆转角

（1）椭圆加工程序　用刀具半径补偿进行编程，整圈加工椭圆。

分析如下：椭圆标准方程 $X^2/a^2 + Y^2/b^2 = 1$，椭圆参数方程为 $X = a\cos\theta$，$Y = b\sin\theta$，其中椭圆转角 θ 是自变量；由于该椭圆高度尺寸为 12mm，每层铣削 4mm 深，分三层铣出椭圆，因此需用二级嵌套的循环语句编程。

编写程序如下：

O0001；	铣椭圆台
G28；	
M06 T01；	φ16mm 立铣刀
G54 G90 G17 G00 X60 Y0 M03 S1000；	
G43 H01 Z5；	
G01 Z0 F200；	
#10 = -4；	进给初值,每层铣 4mm 深,分三层铣椭圆
#1 = 50；	椭圆长半轴
#2 = 30；	椭圆短半轴
WHILE[#10GE-12]DO1；	
G01 Z#10；	
G41 X#1 D1；	
#3 = 359；	椭圆转角 359°→0°,如图 4-16b 所示

WHILE［#3GE0］DO2；

#4＝#1＊COS［#3］；　　　　　　　　　　X_C

#5＝#2＊SIN［#3］；　　　　　　　　　　Y_C

G01 X#4 Y#5；

#3＝#3－1；

END2；

G40 G01 X60；

#10＝#10－4；

END1；

G49 G00 Z200；

M30；

（2）倒圆加工程序　用 R5mm 的球头铣刀为椭圆倒圆，倒圆半径 5mm。

分析如下：#10＝5，为球头铣刀半径；#1＝50，为椭圆长半轴初值；#2＝30，为椭圆短半轴初值；#3＝0，为 Z 向角度初值，0°→90°，如图 4-16c 所示；#4＝5，为倒圆半径；X_A 为#5＝［#1-#4］+［#4+#10］＊COS［#3］；Z_A 为#6＝-#4+［#4+#10］＊SIN［#3］。Y_A＝0；#3＝#3+10；#7＝359，为椭圆转角 359°→0°，如图 4-16d 所示；X_B 为#8＝#5＊COS［#7］，#5 为变椭圆长半轴；Y_B 为#9＝［［#2-#4］+［#4+#10］＊COS［#3］］＊SIN［#7］，#9 为变椭圆短半轴＊SIN［#7］。

编写程序如下：

O00002；　　　　　　　　　　　　　　椭圆外角倒圆

G28；

M06 T02；　　　　　　　　　　　　　调用 ϕ10mm 球头铣刀

G54 G90 G17 G00 X60 Y0 M03 S1000；

G43 H02 Z5

#10＝5；　　　　　　　　　　　　　　球头铣刀半径

#1＝50；　　　　　　　　　　　　　　椭圆长半轴初值

#2＝30；　　　　　　　　　　　　　　椭圆短半轴初值

#3＝0；　　　　　　　　　　　　　　 Z 向角度初值 0°→90°

#4＝5；　　　　　　　　　　　　　　 倒圆半径

WHILE［#3LE90］DO1

#5＝［#1-#4］+［#4+#10］＊COS［#3］；　　　　X_A

#6＝-#4+［#4+#10］＊SIN［#3］；　　　　　　Z_A

G01 Z#6 F200；　　　　　　　　　　　下刀

G01 X#5 Y0；　　　　　　　　　　　　切至每层椭圆起点

#7＝359；　　　　　　　　　　　　　椭圆转角 359°→0°，顺铣

WHILE［#7GE0］DO2；

#8＝#5＊COS［#7］；　　　　　　　　　X_B

#9＝［［#2-#4］+［#4+#10］＊COS［#3］］＊SIN［#7］；Y_B

G01 X#8 Y#9；　　　　　　　　　　　切每层椭圆

#7＝#7－1；

END2；

#3＝#3+10；

END1；

G49 G00 Z100；

M30；

第二节　FANUC 0i 系统加工中心的操作

一、操作面板简介

加工中心 FANUC 0i 系统机床操作面板可分为上下两个部分。上部为 CRT/MDI 面板，或称为编辑键盘；下部为机床操作面板，也称控制面板。

1. 机床操作面板

机床操作面板位于窗口的右下侧，如图 4-17 所示，主要用于控制机床运行状态，由模式选择按钮、运行控制开关等多个部分组成。各部分的详细说明见第三章中的 FANUC 0i 数控铣床仿真系统。

图 4-17　FANUC 0i 系统机床操作面板

2. 编辑键盘

编辑键盘同第三章中介绍的 FANUC 0i 数控铣床仿真系统键盘。

二、加工中心的基本操作

对操作按钮的表示符号说明如下：

① "<　　>" 用于表示标准机床操作面板上的按钮开关，如 <EDIT> 等。

② "▢" 用于表示 MDI 键盘上的按键，如 POS 、 PROG 等。

③ "［　　］" 用于表示 CRT 显示屏幕所对应的软键，如 ［程式］、［补正］ 等。

1. 开机操作

开机的步骤如下：

1）打开外部总电源，起动空气压缩机。

2）等气压达到规定值后打开加工中心后面的机床开关。

3）按下 POWER 的 <ON> 按钮，系统进入自检。

4）自检结束后，显示屏幕上将显示图 4-18 所示的界面。该界面是一个系统报警显示界面（在任何操作方式下，按 MESSAGE 都可以进入此界面）。如果该界面显示有内容（一般为气压报警及紧急停止报警），则是提醒操作者注意加工中心有故障，必须排除故障后才能继续后面的操作。

2. 返回参考点操作

返回参考点操作是开机后为使数控系统对机床零点进行记忆所必须进行的操作，其操作步骤如下：

1）在标准机床操作面板上按 <REF>→<Z>→<+>→<X>→<+>→<Y>→<+>。当 <X>、<Y>、<Z> 三个按钮上的回零指示灯全部亮后，机床返回参考点结束。加工中心返回参考点后，按 POS 可以看到综合坐标显示界面中的机床（机械）坐标 X、Y、Z 皆为 0（图 4-19）。

```
报警信号信息                    O1058 N00000




                         OS100%  L    0%
MDI  ****  ***  ***          10:59:11
[ALARM] [MESSAGE][ 过程 ] [     ] [      ]
```

图 4-18　报警信号信息显示界面

```
现在位置                      O1058 N01058
      （相对坐标）          （绝对坐标）
  X     0.000        X     59.999
  Y     0.000        Y    -20.001
  Z     0.000        Z    I03.836

      （机械坐标）
  X     0.000
  Y     0.000
  Z     0.000

JOG F    2000        加工部品数      115
运行时间   26H21M     切削时间   0H 0M 0S
ACT.F     0  mm/min          OS100% L  0%
REF  ****  ***  ***          10:58:33
[ 绝对 ][ 相对 ][ 综合 ][ HNDL ][（操作）]
```

图 4-19　综合坐标显示界面

2）加工中心返回参考点后，要及时退出，以避免长时间压住行程开关而影响其寿命。按 <JOG>→<X>→<->→<Y>→<->→<Z>→<-> 可以退出返回参考点操作。

注意：因紧急情况而按下紧急停止按钮、<机床锁住>、<Z 轴锁> 后，都要重新进行机床返回参考点操作，否则会因数控系统对机床零点失去记忆而造成事故。

3. 坐标位置显示方式操作

加工中心坐标位置显示有综合、绝对、相对三种方式。连续按 POS 或分别按 ［绝对］、［相对］、［综合］可进入相应的界面。

相对坐标显示可以进行清零及坐标值的预定等操作，特别是在对刀操作中，坐标位置清零及预定可以带来许多方便。坐标位置清零及预定的操作方法如下：

1）进入相对坐标显示界面，按 X（或 Y、Z），界面最后一行转换为图 4-20 所示界面。

图 4-20　相对坐标清零操作界面

按［起源］，此时 X 轴的相对坐标被清零。也可以按 X、0，然后按［预定］，同样可以使 X 轴的相对坐标清零。

2）如果要将坐标在特定的位置预定为某一坐标值（如把主轴返回参考点后的位置设置为 Z-50），则按 Z、-、5、0，然后单击［预定］。此时 Z 坐标将预定为-50。

3）如果要将所有的坐标都清零，先在图 4-20 所示界面按［起源］，然后按［全轴］，此时显示相对坐标值全部为 0。

4. 手动操作

加工中心的手动操作包括主轴的正、反转及停止操作，三轴的 JOG 进给方式移动、手摇脉冲移动操作，切削液的开关操作，排屑的正、反转操作等。开机后主轴不能进行正、反转手动操作，必须先进行主轴的起动操作。

（1）主轴的起动操作及手动操作

1）按<MDI>→ PROG，首先进入 MDI 界面。

2）按 M→3→S→3→0→0→EOB→INSERT。

3）按<循环启动>，此时主轴正转。

4）按<JOG>或<HNDL>→<主轴停止>，此时主轴停止转动；按<主轴正转>，此时主轴正转；按<主轴停止>→<主轴反转>，此时主轴反转。主轴转动时，可以通过转动<主轴倍率选择开关>修调主轴转速，其变化范围为 50%～120%。

（2）坐标轴的移动操作

1）JOG 方式下的坐标轴移动操作。按<JOG>进入 JOG 方式，此时可通过按<X>、<Y>、<Z>及<+>、<->、<快移>实现坐标轴的移动，其移动速度由快速进给速率调整按钮及手动进给倍率开关决定。

工作台或主轴处于相对中间的位置时可同时按<快移>，进行手动操作。在工作台或主轴接近行程极限位置时尽量不要进行<快移>操作，以免超越行程而损坏机床。

2）手轮方式下的坐标轴移动操作。按下<HNDL>进入手轮方式，此时可通过手持盒实现坐标轴的移动。需要移动的坐标轴及移动的速度，可通过选择坐标轴与倍率旋钮来实现。

3）切削液的开关操作。在 JOG 或 HNDL 方式下进行手动切削时，必须采用手动方法打开切削液（在自动运行时，用 M08 指令打开切削液、M09 指令关闭切削液），打开及关闭切削液的方法比较简单，按<冷却打开>与<冷却关闭>即可。

4）排屑的操作。加工过程中切下的切屑散落在工作台周围，每天都必须做必要的清理。清理时，要充分利用机床本身的功能进行清理。首先用切削液把切屑冲下（注意，切削下来的金属边角料必须人工取出），然后启动排屑装置。排屑必须在 JOG 或 HNDL 方式下才能进行手动操作，按<排屑正转>排出切屑。

清理切屑时，严禁用高压气枪吹工作台侧及台面以下部位的切屑，以免切屑飞入传动部位而影响加工中心的运行精度。高压气枪只能用来清理已加工好的零件。

5. 加工程序的管理和传输

（1）查看内存中的程序和打开程序　在标准机床操作面板上按<EDIT>，然后连续按 PROG，CRT 屏幕上的界面在图 4-21 与图 4-22 所示的界面之间切换（按［程式］或

[DIR] 同样可以切换）。图 4-21 所示为存储在内存中的所有程序文件名（按 PAGE↓ 或 PAGE↑ 可查看其他程序文件名），图 4-22 所示为上次加工的程序（按 PAGE↓ 可查看其他程序段，按 RESET 返回）。

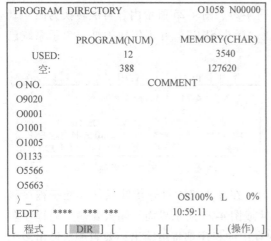

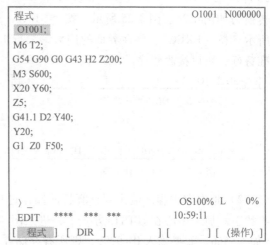

图 4-21　存储在内存中的所有程序文件名界面　　图 4-22　打开程序后的界面

要打开某个程序，则在图 4-21 所示的界面中输入 "O××××"（程序名），按 [O 检索] 或按光标移动键 ←、→、↑、↓ 中的任何一个都可以打开程序，如图 4-22 所示。

（2）输入加工程序　按<EDIT>，输入 "O××××"（程序名）→按 INSERT →按 EOB →按 INSERT，程序换段，输入程序字（如：G54 G90 G00 Z200.0）后按 EOB →按 INSERT，程序换段……程序输入完毕，按 RESET，使程序复位到起始位置，这样就可以自动运行加工程序。

（3）编辑程序　利用 INSERT 插入漏掉的字，利用 DELETE 删除错误、不需要的字，利用 ALTER 修改输入错误的字；利用 CAN 取消输入域内的数据。

（4）删除内存中的程序

1）删除一个程序的操作：按<EDIT>→ PROG，输入 "O××××"（要删除的程序名），按 DELETE 删除该程序。

2）删除所有程序的操作：按<EDIT>→ PROG，输入 0～9999，按 DELETE，删除内存中的所有程序。

3）删除指定范围内的多个程序：按<EDIT>→ PROG，输入 "OXXXX,OYYYY"（XXXX 代表要删除程序的起始程序号，YYYY 代表将要删除程序的终了程序号），按 DELETE，删除 XXXX 到 YYYY 之间的程序。

（5）程序的 DNC 输入、输出操作　一般情况下，程序是在计算机中编写的，编写完毕后利用 DNC 输入到内存中（对于 CAM 软件生成的程序只能用 DNC 传输或边传输边加工）。

当内存中的有些程序需要在计算机中保存时，则必须采用输出的方法。

1）将计算机中的程序输入内存的操作过程为：在计算机中用传输软件编写或打开已有的（原来存储的、CAM 软件生成的）程序。加工中心在<EDIT>方式下，按 PROG ，按 ［（操作）］，图 4-22 中最后一行转换为如图 4-23 所示。或按 ［（操作）］，按 ▶ ，最后一行转换为如图 4-24、图 4-25 所示；按 ［READ］，图 4-24、图 4-25 所示内容再次转换为图 4-26 所示。按 ［EXEC］，将在界面的倒数第二行出现"标头 SKP"，并不停地闪烁，表示系统已准备好，可以接收程序。

图 4-23　DNC 操作界面（一）

图 4-24　DNC 操作界面（二）

图 4-25　DNC 操作界面（三）

图 4-26　DNC 操作界面（四）

2）将内存中程序输出到计算机的操作过程为：在计算机中打开传输软件并处于程序接收状态。加工中心在<EDIT>方式下，进入图 4-24 或图 4-25 所示界面，输入要输出的程序名（如 O5566。如果输入 0～9999，则所有存储在内存中的程序都将被输出；要想一次输出多个程序，则指定程序号范围，如"OXXXX，OYYYY"，则程序 XXXX 到 YYYY 都将被输出），按 ［PUNCH］进入图 4-26 所示界面，按 ［EXEC］进行程序的输出操作。

6. 刀库中刀柄的装入与取出操作

加工中心运行时，刀库自动换刀并装入刀具，所以在运行程序前，要把装好刀具的刀柄装入刀库。在更换刀具或不需要某把刀时，要把刀柄从刀库中取出。例如，ϕ16mm 立铣刀为 1 号刀，ϕ10mm 键槽铣刀为 3 号刀，其操作过程如下：

1）按<MDI>，输入"M06 T1"后按<循环启动>执行（为避免误动作，尽量不要使用单段运行）。

2）待加工中心换刀动作（实际上是在刀库 1 号位空抓一下后返回）全部结束后，换到 JOG 或 HNDL 方式，在加工中心面板或主轴立柱上按下"松/紧刀"按钮，把 1 号刀具的刀柄装入主轴。图 4-27 所示为换刀指令输入与执行后的界面。

图 4-27　换刀指令输入与执行后的界面

3）仍在 MDI 方式下，输入"M06 T3"后按<循环启动>执行。

4）待把 1 号刀装入刀库，在 3 号位空抓一下等动作全部结束后，换到 JOG 或 HNDL 方式，按下"松/紧刀"按钮，把 3 号刀具的刀柄装入主轴。

取出刀库中的刀具时，只需在 MDI 方式下执行要换下刀具的"M06 T×"指令，待刀柄装入主轴、刀库退回等一系列动作全部结束后，换到 JOG 或 HNDL 方式，在加工中心面板或主轴立柱上按下"松/紧刀"按钮，取下刀柄。

7. 对刀操作

（1）用铣刀直接对刀　用铣刀直接对刀，就是在工件已装夹完成并在主轴装入刀具后，通过手摇脉冲发生器操作移动工作台及主轴，使旋转的刀具与工件的前（后）、左（右）侧面及工件的上表面（图 4-28 中 1~5 这五个位置）做极微量的接触切削（产生切屑或摩擦声），分别记下刀具在做极微量切削时所处的机床（机械）坐标值（或相对坐标值），对这些坐标值进行一定的数值处理后就可以设定工件坐标系了。

操作过程为（针对图 4-28 中的位置 1）：

1）工件装夹并找正平行后夹紧。

2）在主轴上装入已装好刀具的刀柄。

3）在 MDI 方式下，输入"M03 S300"，按<循环启动>，使主轴的旋转与停止能手动操作。

4）主轴停转，用手持盒选择 Z 轴（倍率可以选择×100），转动手摇脉冲发生器，使主轴上升到一定的位置（在水平面移动时不与工件及夹具碰撞即可）；分别选择 X 轴、Y 轴，移动工作台使主轴处于工件上方适当的位置，如图 4-29 所示的位置 A。

5）用手持盒选择 X 轴，移动工作台（图 4-29 中①），使刀具处于工件的外侧（图 4-29 中位置 B）；用手持盒选择 Z 轴，使主轴下降（图 4-29 中②），刀具到达图 4-29 中的位置 C；用手持盒重新选择 X 轴，移动工作台（图 4-29 中③）。当刀具接近工件侧面时，用手转动主轴使刀具的切削刃与工件侧面相对，感觉切削刃接近工件时，起动主轴，使主轴转动，倍率选择×10 或×1。此时应一格一格地转动手摇脉冲发生器，注意观察有无切屑（一旦发现有切屑应马上停止脉冲进给）或注意听声音（刀具与工件微量接触时一般会发出"嚓""嚓"的响声，一旦听到声音应马上停止脉冲进给），到达图 4-29 中位置 D。

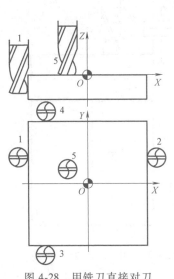

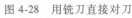

图 4-28　用铣刀直接对刀

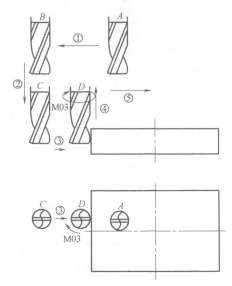

图 4-29　用铣刀直接对刀时的刀具移动图

6）用手持盒选择 Z 轴（避免在后面的操作中不小心碰到脉冲发生器而出现意外），按 POS 进入坐标显示的界面，记下此时 X 轴的机床坐标或把 X 轴的相对坐标清零。

7）转动手摇脉冲发生器（倍率重新选择为×100），使主轴上升（图 4-29 中④），移动到一定高度后，选择 X 轴，使主轴水平移动（图 4-29 中⑤），再使主轴停止转动。

图 4-28 中 2、3、4 三个位置的操作参考位置 1 介绍的方法。

在用刀具进行 Z 轴对刀时，刀具应处于工件欲切除部位的上方（图 4-29 中位置 A），转动手摇脉冲发生器，使主轴下降，待刀具接近工件表面时，起动主轴，选小倍率，一格一格地转动手摇脉冲发生器，当发现有切屑或观察到工件表面被切出一个圆圈时，停止手摇脉冲发生器的进给，记下此时 Z 方向的机床坐标值。反向转动手摇脉冲发生器，待确认主轴是上升时，把倍率选大，继续使主轴上升。

用铣刀直接对刀时，由于每个操作者对微量切削的感觉程度不同，所以对刀精度并不高。这种方法主要应用在要求不高或没有寻边器的场合。

（2）用寻边器对刀　用寻边器对刀只能确定 X、Y 方向的机床坐标值，而 Z 方向对刀只能通过刀具或刀具与 Z 轴设定器配合来进行。图 4-30 所示为使用光电式寻边器在 1~4 这四个位置确定 X、Y 方向的机床坐标值，在位置 5 用刀具确定 Z 方向的机床坐标值。图 4-31 所示为使用偏心式寻边器在 1~4 这四个位置确定 X、Y 方向的机床坐标值，在位置 5 用刀具确定 Z 方向的机床坐标值。

使用光电式寻边器时（主轴做 50~100r/min 的转动），当寻边器 $S\phi10$mm 球头与工件侧面的距离较小时，手摇脉冲发生器的倍率旋钮应选择 ×10 或 ×1，且一个脉冲一个脉冲地移动，到出现发光或蜂鸣时应停止移动，此时光电式寻边器与工件刚好接触（其移动顺序如图 4-30 所示），记录下当前位置的机床坐标值或将相对坐标清零。退出时应注意光电式寻边器的移动方向，如果移动方向发生错误会损坏寻边器，导致寻边器歪斜而无法继续使用。一般可以先沿 +Z 轴移动，退离工件后再做 X、Y 方向移动。使用光电式寻边器对刀时，在装夹过程中必须把工件的各个面擦干净，不能影响其导电性。

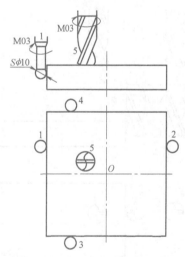

图 4-30　用光电式寻边器对刀

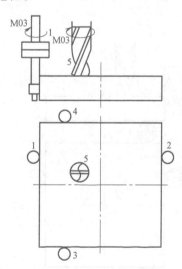

图 4-31　用偏心式寻边器对刀

使用偏心式寻边器对刀的过程如图 4-32 所示。其中，图 4-32a 所示为偏心式寻边器装入主轴时，主轴没有旋转；图 4-32b 所示为主轴的转速为 200~300r/min，寻边器的下半部分在弹簧的带动下一起旋转，在没有到达准确位置时出现虚像；图 4-32c 所示为移动到准确位置后上下重合，此时应记录下当前位置的机床坐标值或将相对坐标清零；图 4-32d 所示为移动过头后的情况，下半部分没有出现虚像。初学者最好使用偏心式寻边器对刀，因为一旦移动方向发生错误，不会损坏寻边器。另外，观察偏心式寻边器的影像时，不能只在一个方向

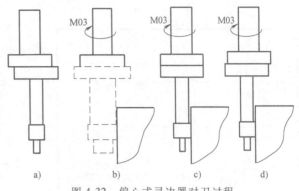

观察，应在互相垂直的两个方向进行。

8. 对刀后的数值处理和工件坐标系 G54～G59 等的设置

通过对刀得到的 6 个机床坐标值（在实际应用时有时可能只要 3～4 个），必须通过一定的数值处理才能确定工件坐标系原点的机床坐标值。有代表性的情况有以下几种：

1）工件坐标系的原点与工件坯料的对称中心重合。这种情况下，工件坐标系原点的机床坐标值按下式计算

图 4-32　偏心式寻边器对刀过程

$$\begin{cases} X_{工机} = \dfrac{X_{机1}+X_{机2}}{2} \\[2mm] Y_{工机} = \dfrac{Y_{机3}+Y_{机4}}{2} \end{cases}$$

2）工件坐标系的原点与工件坯料的对称中心不重合（图 4-33）。这种情况下，工件坐标系原点的机床坐标值按式

$$\begin{cases} X_{工机} = \dfrac{X_{机1}+X_{机2}}{2} \pm a \\[2mm] Y_{工机} = \dfrac{Y_{机3}+Y_{机4}}{2} \pm b \end{cases}$$

计算。式中 a、b 的符号的选取参见表 4-2。

表 4-2　不同位置 a、b 符号的选取

距离	工件坐标系原点在以工件坯料对称中心所划区域中的象限			
	第一象限	第二象限	第三象限	第四象限
a	+	-	-	+
b	+	+	-	-

3）工件坯料只有两个垂直侧面是加工过的，其他两侧面因要铣掉而不加工（图 4-34）。这种情况下，其工件坐标系原点的机床坐标值按下式计算

$$\begin{cases} X_{工机} = X_{机1}+a+R_{刀} \\ Y_{工机} = Y_{机3}+b+R_{刀} \end{cases}$$

本组算式只针对图 4-34 所示的情况，对其他侧面情况的计算可参考进行。

上面的数值处理结束后，在任何方式下按［OFFSET/SETTING］或按［坐标系］，再按 PAGE↓ ，便可进入其余设置界面；利用 ↑ 、 ↓ 可以把光标移动到所需设置的位置。把计算得到的 $X_{工机}$ 和 $Y_{工机}$ 输入到 G54～G59、G54.1 P1～P48 中所要设置的位置，这样就设置好了 X、Y 两轴的工件坐标系。在输入坐标值时，界面最后一行如图 4-35 所示，按［输入］或 INPUT 都可完成操作。

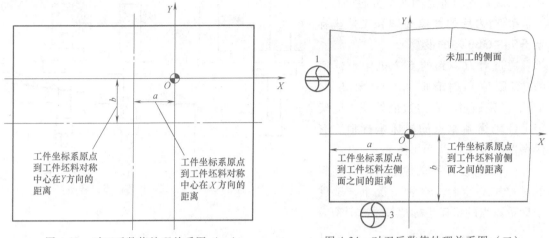

图 4-33 对刀后数值处理关系图（一）　　　图 4-34 对刀后数值处理关系图（二）

在对刀时，可以充分利用前面已介绍过的相对坐标系清零操作的方法，从而省去记录机床坐标值及数值处理的麻烦。如图 4-28 所示，在 1 号位时把 X 的相对坐标清零，到达 2 号位时可以从相对坐标的显示界面上知道其相对坐标值。如果 X 轴的工件坐标系原点设在工件坯料的中心，只需将界面上 X 的相对坐标值除以 2，然后移动到这个相对坐标位置，进入工件坐标系设置界面，输入"X0"，在图 4-35 所示的界面中按［测量］，系统自动把当前的机床坐标值输入到 G54 等相应的设置位置。也可以在 2 号位不动，同样把相对坐标值除以 2，然后在工件坐标系设置界面中输入"X50.32"（假定计算出的值为 50.32，即刀具当前位置在 X 轴的正方向，距离原点 50.32），按［测量］，系统自动把偏离当前点 50.32mm 的工件坐标系原点所处的机床坐标值输入到 G54 等相应的设置位置。

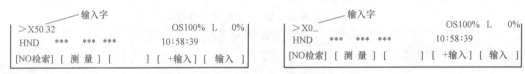

图 4-35 设置 G54 等工件坐标系输入界面

如果 X 轴的工件坐标系原点不在工件坯料的中心，仍可以移动到上面除以 2 的位置，在工件坐标系设置界面中输入坯料中心在工件坐标系中的坐标值（如点 O 在图 4-33 中的第一象限，a 为 30mm，那么应输入 X-30.0）；或在 2 号位直接计算出工件坐标系原点 O 与现在位置之间的距离，如为 20.32，则输入"X20.32"，按［测量］后系统自动计算出工件坐标系原点的机床坐标值并输入到 G54 等相应的设置位置。

Y 轴的设置方法与 X 轴相同。

9. 工件坐标系原点 Z0 的设定、刀具长度补偿量的设置

（1）工件坐标系原点 Z0 的设定　在加工中心设定工件坐标系原点 Z0 时一般采用以下两种方法：

1）将工件坐标系原点 Z0 设定在工件的上表面。

2）将工件坐标系原点 Z0 设定在机床坐标系的 Z0 处（设置 G54 时，Z 后面为 0）。

对于第一种方法，必须选择一把刀为基准刀具（通常选择加工 Z 轴方向尺寸要求比较

高的刀为基准刀具)。第二种方法没有基准刀具,任一把刀通过刀具长度补偿的方法都可以使其仍然以工件上表面为编程时的工件坐标系原点 Z0。

具体操作:把 Z 轴设定器放置在工件的水平表面上,主轴上装入已装夹好刀具的所有刀柄(图 4-36),移动 X 轴和 Y 轴,使刀具尽可能处在 Z 轴设定器中心的上方;移动 Z 轴,用刀具(主轴禁止转动)压下 Z 轴设定器圆柱台,使指针指到调整好的"0"位;记录每把刀当前的 Z 轴机床坐标值。

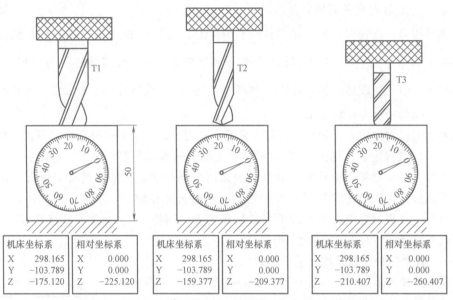

图 4-36　工件坐标系 Z0 的设定及刀具长度补偿的设置

也可不使用 Z 轴设定器,而直接用刀具进行操作。旋转刀具,移动 Z 轴,使刀具接近工件上表面(应在工件要被切除的部位)。当刀具切削刃在工件表面切出一个圆圈或把粘在工件表面(浸有切削液)的薄纸片转飞时,记录每把刀当前的 Z 轴机床坐标值。使用薄纸片时,应将当前的机床坐标值减去 0.01~0.02mm。

对于第一种方法,除基准刀具外,在使用其他刀具时都必须有刀具长度补偿指令,设置时把基准刀具的 Z 轴机床坐标值减去 50,然后把此值设置到 G54 或其他工件坐标系的设置位置。如果基准刀具在切削过程中被折断,那么重新换刀后仍以上面的方法进行操作,得到新的 Z 轴机床坐标值,用此 Z 值去减工件坐标系原点 G54 等设置处的机床坐标值,并把此值设置到基准刀具的长度补偿处,用长度补偿的方法弥补其 Z 方向的工件坐标不足。另外,所有刀具在取消长度补偿时,Z 值必须为正(如 G49 Z150.0)。如果 Z 值取值较小或取负值,则可能发生刀具与工件相撞的事故。

对于第二种方法,每把刀具在使用时都必须有长度补偿指令(长度补偿值全部为负),在取消刀具长度补偿时,Z 值不允许为正,必须为 0 或负值(如 G49 Z-50.0),否则主轴会出现向上超程。

(2)刀具长度补偿的设置　对应工件坐标系原点 Z0 的设定方法,刀具长度补偿的设置方法同样有两种。第一种方法,基准刀具的长度补偿 H 值应为 0,其他刀具只需用上面记录的 Z 轴机床坐标值去减基准刀具的 Z 轴机床坐标值,把减得的值(有正、有负,设置时一律带符号输入，调用长度补偿时一律用 G43）设置到相应刀具的 H 处；第二种方法，只需把上面记录的 Z 轴机床坐标值都减去 50，然后把计算得到的值（全部为负）设置到刀具相应的 H 处。

如果在加工中心 Z 轴返回参考点的位置上，把 Z 轴的相对坐标值预定为 "－50.0"，则在图 4-36 中，当刀具与 Z 轴设定器接触，且使指针指在 "0" 位时，相对坐标值与刀具和工件上表面直接接触时的机床坐标值是完全相同的。所以在预定的情况下，只需记录下相对坐标值即可，设置 H 时也只需输入此值。

具体操作为：在任何方式下按 OFFSET/SETTING 或按［补正］进入刀具补偿存储器界面，利用 ←、→、↑、↓ 可以把光标移动到所要设置的刀具 "番号" 与 "形状（H）" 相交的位置，输入要设置的值，并按 INPUT 或［输入］，设置完毕。如果按［＋输入］则把当前值与存储器中已有的值相加。

如果加工过程中因某把刀折断而需要更换新的刀具，对于第一种方法，只需对更换后的刀具，压下 Z 轴设定器，把指 "0" 时的机床坐标值减去基准刀具的机床坐标值，并用所得的值（工件上表面必须部分存在。如果上表面已全部被切除，则通过与工作台平面平行的其他平面接触，再转换得到）重新去设置此刀具的长度补偿。对于第二种方法，由于不存在基准刀具，只需对更换后的刀具压下 Z 轴设定器，用指 "0" 时的机床坐标减去 50 后所得的值重新设置此刀具的长度补偿即可。

10. 刀具半径补偿量及磨损量的设置

由于数控系统具有刀具半径自动补偿的功能，因此只需按照工件的实际轮廓尺寸编程即可。刀具半径补偿量设置在数控系统中番号与形状（D）相对应的位置。刀具在切削过程中，切削刃会发生磨损（刀具直径变小），最后会出现外轮廓尺寸偏大、内轮廓尺寸偏小的现象（如果相反，则所加工的工件报废），此时可通过对刀具磨损量的设置，然后再精铣轮廓，一般就能达到所需的加工尺寸。

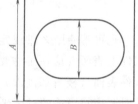

图 4-37　磨损量设置值

磨损量设置值如图 4-37 所示。相应磨损量设置值见表 4-3。

表 4-3　相应磨损量设置值　　　　　　　　　　　（单位：mm）

测量要素	要求尺寸	测量尺寸	磨损量设置值
A	$100_{-0.054}^{0}$	100.12	$-0.06 \sim -0.087$
B	$56_{0}^{+0.030}$	55.86	$-0.07 \sim -0.085$

如果磨损量设置处已有数值（对操作者来说，由于加工工件及使用刀具的不同，开机后一般需把磨损量清零），则需在原数值的基础上进行叠加。例如，原有值为－0.07mm，现尺寸偏大 0.1mm（单边 0.05mm），则重新设置的值为（－0.07－0.05）mm＝－0.12mm。

如果精加工结束后发现工件的表面粗糙度值很大、刀具磨损较严重、工件尺寸有偏差，此时必须更换铣刀重新精铣，先不要重设磨损量，等铣削完成后通过测量尺寸，再决定是否补偿，预防产生 "过切"。

具体操作为：在任何方式下按 OFFSET/SETTING 或按［补正］进入刀具补偿存储器界面，利用 ←、→、↑、↓ 四个箭头可以把光标移动到所要设置的刀具 "番号" 与 "形状（D）""磨耗（D）"相交的位置，输入要设置的半径补偿量或刀具半径磨损量，并按 INPUT 或按［输入］，设置完毕。如果按［+输入］则把当前值与存储器中已有的值相加。

11. 自动运行操作

（1）内存中程序的运行操作   程序已事先存储到内存中，当选择了这些程序中的一个并按下<循环启动>后，程序自动运行。操作过程如下：

1）打开或输入加工程序。

2）找正工件与坐标轴的平行度后夹紧工件，对刀、设置好工件坐标系，装上刀具后，按下<MEM>。

3）把进给倍率开关旋至较小的值，把主轴倍率选择开关旋至100%。

4）按下<循环启动>，使加工中心进入自动操作状态。

5）进入切削后把进给倍率逐渐调大，观察切削下来的切屑情况及加工中心的振动情况，调整到适当的进给倍率进行切削加工（有时还需同时调整主轴倍率）。图4-38所示为自动运行时程序检视显示界面。

在自动运行过程中，如果按下<单段>，则系统进入单段运行操作，即数控系统执行完一个程序段后，停止进给，必须重新按下<循环启动>，才能执行下一个程序段。

（2）MDI运行操作   在MDI方式中，通过MDI面板可以编制最多10行

```
程式检视                              O1058  N00040
 Y20;
GZ Z0 F50;
Z—5;
X0;
   (绝对坐标)        (余移动量)      G00   G94   G80
X      20.000    X      0.000   G17   G21   G98
Y      31.285    Y    -11.285   G90   G40   G50
Z    -304.658    Z      0.000   G22   G49   G67
                                JOG    F    3000
                                H2     M      8
         T      2              D2
         F      100    S    800
ACTF              80SACT       800 OS100% L    0%
MEM   STRT   MTR   ***           10:59:11
[ 绝对 ]  [ 相对 ]  [      ]  [      ] (操作)
```

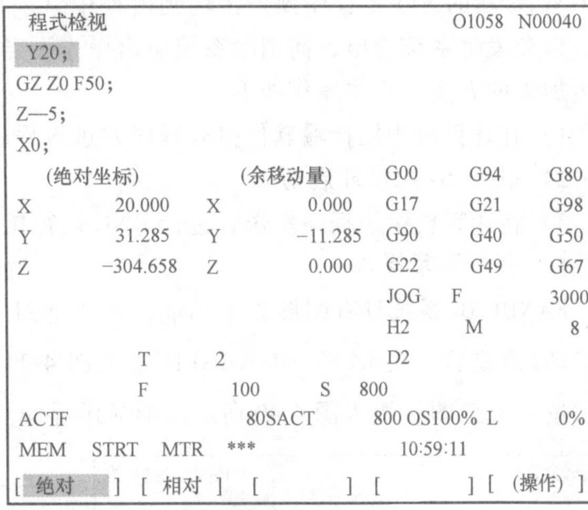

图4-38   自动运行时程序检视显示界面

程序（10个程序段）并被执行，程序格式和普通程序一样。MDI运行适用于简单的测试操作，因为程序不会被存储到内存中，一段程序段在输入并执行完毕后马上被清除，但在输入超过2段以上的程序段并执行后不会马上被清除，只有关机时才被清除。

MDI运行操作过程：按<MDI>，输入程序段，按<循环启动>执行。

注意：如果输入一段程序段，则可直接按<循环启动>执行。输入程序段较多时，需要先把光标移回到O0000所在的第一行，然后按<循环启动>执行，否则程序从光标所在的程序段开始执行。

（3）机床锁住及空运行操作   对于已经输入到内存中的程序，可以采用机床锁住及空运行操作，通过系统的图形轨迹显示功能，模拟调试程序，以便发现程序中存在的问题。

1）打开程序，在所有换刀指令段前加入跳步标记"/"（由于机床锁住，系统无法换刀，系统遇到换刀指令段就停止运行，不能执行完全部程序）。

2）按下<MEM>、<机床锁住>、<空运行>、<跳步>，也可同时按下<Z轴锁>、<辅助功能锁>，把进给倍率开关旋至120%。

3）打开图形显示。

4）按<循环启动>，执行程序。

5）运行完毕后，必须重新执行返回参考点操作。

（4）程序的断点运行操作 在程序运行结束后，通过对零件进行测量，发现由于刀具磨损，零件的尺寸没有达到工艺要求，此时可以对刀具进行磨损量的设置，设置好后对零件进行一次精加工即可。在运行程序时，不可能把原来的粗、精加工程序再全部运行一次，只需运行精加工部分的程序即可。此时，可通过断点进行操作运行，操作过程如下：

1）在<EDIT>方式下，利用界面变换键和光标移动键将光标移动到精加工的起始程序段前。

2）输入必要的选择坐标系、换刀、主轴旋转、刀具补偿程序段等。

3）按下<MEM>→<循环启动>执行。

（5）DNC运行操作 用CAM软件生成的程序，一般程序段比较多（对于复杂曲面生成的程序有时会有几百万、几千万段），而数控系统内存的容量一般都比较小，所以不可能采用DNC传输的方法把程序预先传输到内存中（一般超过30KB的程序就不允许传输到内存中，以免发生系统溢出，而消除系统溢出操作不当会造成系统的崩溃），必须采用边DNC传输边加工的方法。具体操作如下：

1）在计算机中用传输软件打开程序并进入程序待发送状态。

2）<DNC>→<循环启动>。

3）在计算机中按程序发送，进行DNC运行操作。

12. 图形显示操作

FANUC 0i系统具有图形显示功能，可以通过其线框图观察程序的运行轨迹。在按<循环启动>前或后，按 CUSTOM/GRAPH 进入图4-39所示界面，在该界面中设置图形显示参数；按［加工图］进入图4-40所示图形显示界面。

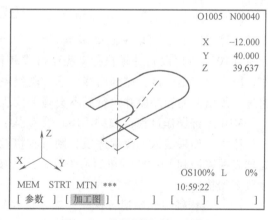

图4-39 图形显示参数设置界面　　　　图4-40 线框图图形显示界面

13. 关机操作

1）取下加工好的工件，清理切屑，启动排屑装置排出切屑。

2）取下刀库中的刀柄（以防加工中心在不用时由于刀库中刀柄等的重力作用而使刀库变形）。

3）在手动方式下，使工作台处于比较中间的位置，主轴尽量处于较高的位置。

4）按下紧急停止按钮。

5）按下 POWER 的<OFF>按钮。

6）关闭加工中心后面的机床电源开关。

7）关闭空气压缩机，切断外部总电源。

14. 注意事项

1）每次开机前要检查一下加工中心自动润滑系统油箱中的润滑油、切削液等是否充足。

2）在手动操作时，必须时刻注意，在移动 X 轴和 Y 轴前，必须使 Z 轴处于较高的位置。在移动过程中，不能只看 CRT 屏幕中坐标值的变化，还要观察刀具的实际移动情况，等刀具移动到位后，再通过观察 CRT 屏幕进行微调。

3）加工中心出现报警时，要根据报警号查找原因，及时解除报警，不可关机了事，否则开机后机床仍处于报警状态。

4）在安装刀具及装入和取下刀柄时注意操作安全，要避免发生刀柄掉落的现象。在安装刀具、刀柄时要将刀具、刀柄擦干净。

5）在操作过程中必须集中注意力，谨慎操作。

第三节　对刀仪及其使用

数控机床加工中，需采用对刀仪测量刀具尺寸及位置，并根据测量结果修正刀具的偏置量，以便加工出更高精度的零件。

对刀仪又称刀具预调仪，它与数控加工过程中必须使用的对刀器不同。对刀仪用于测量（包括尺寸调整）刀具的几何尺寸，在刀具安装在机床上之前使用。对刀器用于刀具的对刀，即在机床坐标系内确定刀具刃口与工件被加工表面的位置关系，在刀具安装在机床上之后使用。

对于安装在同一台机床上的一批刀具，如果在对刀仪上完成了全部刀具尺寸的测量，只要用一把刀在机床上进行对刀就可以通过刀具尺寸的换算确定其余刀具的对刀结果，不必再逐一进行对刀。而对于安装在机床上的刀具，无论其具体的尺寸是否经过测量，只要在机床上进行了对刀，就可以直接用于数控加工。即对刀器可以替代对刀仪，对刀仪可以减少对刀器的使用次数。

在单件、小批生产中，如模具制造业常采用对刀器，而对刀仪则用于大批量的生产中。

一、对刀仪的组成

对刀仪一般由刀柄定位机构、测头与测量机构和测量数据处理装置组成。

图 4-41 所示为 DTJ Ⅱ 1540 型对刀仪，主要包括底座 5、立柱 1、主轴 8、投影屏 12 及电气系统 11 等结构。底座为调整方向的移动部件，左端放置主轴部件，上平面为 X 向移动的导轨面，滑板在水平导轨上移动，滑板上固定有立柱及投影屏，滑板移动时可通过光栅检测系统测出刀具的径向坐标尺寸 R，转动手轮 4 可使滑板左右移动。

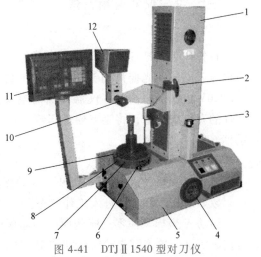

图 4-41　DTJ Ⅱ 1540 型对刀仪

1—立柱　2、6—手柄　3—旋钮　4、7、9—手轮　5—底座
8—主轴　10—滚花轮　11—电气系统　12—投影屏

立柱 Z 向移动，其滑板在垂直导轨上移动，滑板上固定有投影屏。移动滑板，可通过光栅检测系统测出被测刀具的轴向坐标尺寸 L。逆时针转动手柄 2 可上下移动滑板，顺时针转动手柄 2 可将滑板锁紧，旋动旋钮 3 可使滑板微动。

主轴采用高精度密珠轴系，被测刀具安装在主轴锥孔内，转动手轮 7 可压紧被测刀具，转动手轮 9 使刀尖轮廓在投影屏上清晰地成像后，右拨手柄 6 将主轴锁紧，使其位置固定。

投影屏 12 用来瞄准被测刀具的刀尖，通过光学系统将刀尖轮廓放大 20 倍后成像于投影屏上，可提高瞄准精度。固定投影屏上刻有十字虚线和 360°刻线，旋转分化板上刻有十字线、游标及 R0.2mm、R0.4mm、R0.8mm、R1.0mm、R1.5mm、R2.0mm、R2.5mm 的圆弧线，转动滚花轮 10 使旋转分化板转动，可测出刀尖的角度。

电气系统 11 分为控制电路及 X、Y 两坐标光栅数显检测系统两部分，"数显"开关控制数显表电源的开闭，投影屏光源电路由面板上设置的"影屏"按钮开关控制，如图 4-42 所示。检测系统部分为两坐标光栅数显装置。

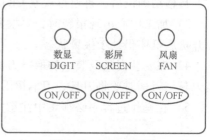

图 4-42 开关面板图

二、主要技术参数

径向（X 向）测量范围 R	0～150mm
轴向（Z 向）测量范围 L	50～400mm
数显表分辨力	0.001mm
投影屏放大率	20 倍
投影屏直径	100mm
光源	6V、30W
主轴锥孔锥度	7：24

三、对刀仪的使用方法

1. 安装

拆掉包装，把三套地脚螺栓装入底座 5 底部的三个螺孔内，调整至水平；装上数显表，将数显表电源和光栅尺插头插好；将电源线一端插入底座后面的电源插座内，另一端插入 AC 220V 电源插座内；将仪器背面的电源开关打开，然后打开"数显"开关；拿掉主轴 8 上面的有机玻璃盖，将零点棒锥柄装入主轴锥孔，转动主轴上的手轮 7 可使主轴转动，右拨手柄 6 使主轴锁紧。

2. 校准零点

将数显表后面板上的"电源"开关拨到位置 1，数显表亮，仪表进行自检。自检完成后，数显表显示 0.000 进入工作状态。

移动 X 坐标，使零点棒侧面的钢球顶点与投影屏的竖直线相切，按数显表上的<X>键，再按数字键，置入零点棒所标注的 D 值的 1/2，此时 X 坐标的指示灯应不亮，则测出的是半径值。若此时指示灯亮，应按一下<R/D>键，再按<ENTER>键，使输入值进入存储器。

移动 Z 坐标，使零点棒顶端钢球的顶点与投影屏的水平线相切，按<Z>键，再按数字键，置入零点棒所标注的 L 值，按 <ENTER> 键，使输入值进入存储器。

零点校对完成后，取出零点棒，放入箱中。

3. 被测刀具 X、Y 坐标尺寸的测量

将被测刀具的锥部擦干净后，插入主轴锥孔，利用手轮 7 和手柄 6 将刀具转到合适的位置并锁紧，移动坐标，使被测刀具的最高点分别对准投影屏的水平及垂直刻线，此时数显表显示的 X、Y 值即刃口半径值和轴向长度值。

4. 刀尖投影角度测量

需要测量刀尖角度时，转动滚花轮 10，使投影屏上的十字线与刀尖的一边重合，如图 4-43 所示，通过滚花轮 10 及游标的角度线读出一角度值；再转动滚花轮，使同一条线与刀尖的另一边重合，再读出一角度值，两次读数之差即为刀尖角度值。

图 4-43　刀尖投影角度测量

四、注意事项

1）仪器零点校正好后，断电再开机仍保留原置入数。因此，断电后不能移动坐标，以避免造成测量错误。即使断电后未移动坐标，为了确保测量准确无误，每次开机时也需校对一次零点。

2）在仪器上测量好的刀具仍需要在机床上进行试切，找出仪器测量值与加工后工件实际尺寸间的变化规律，积累经验，以便进行修正。

第四节　加工中心编程实例

按图 4-44 所示零件图样在 FANUC 0i 数控系统立式加工中心上完成加工。所用工件毛坯尺寸为 70mm×70mm×26mm。所用刀具为：T1，ϕ16mm 立铣刀；T2，ϕ4mm 钻头；T3，ϕ6mm 键槽铣刀；T4，ϕ8mm 键槽铣刀。

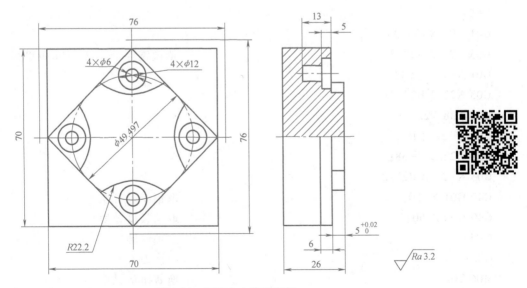

图 4-44　加工中心编程实例

1．工艺分析

1）用 φ16mm 立铣刀加工凸台。

2）用 φ4mm 钻头钻孔。

3）用 φ6mm 键槽铣刀铣孔。

4）用 φ8mm 键槽铣刀铣孔。

2．参考程序

O0001；	
G54 G90 G40 G49；	调用工件坐标系
G28；	回换刀参考点
M06 T01；	换 φ16mm 立铣刀
M03 S800；	
G43 G00 Z10 H01；	建立刀具长度补偿
X-60 Y0；	
G01 Z-11 F50；	
X0 Y60 F200；	去除残料
X60 Y0；	
X0 Y-60；	
X-60 Y0；	
G41 X-35 D01 F150；	建立刀具半径左补偿
X0 Y35；	铣四棱凸台
X35 Y0；	
X0 Y-35；	
X-35 Y0；	
G40 X-50；	
G00 Y-22.2；	
Z-5；	
G41 G01 X-38 D01；	
G03 Y22.2 R22.2；	依次铣四个 R22.2mm 的圆弧
G01 X-22.2 Y38；	
G03 X22.2 R22.2；	
G01 X38 Y22.2；	
G03 Y-22.2 R22.2；	
G01 X22.2 Y-38；	
G03 X-22.2 R22.2；	
G40 G01 Y-50；	取消半径补偿
G49 G00 Z150；	取消长度补偿
M05；	主轴停转
G28；	回换刀参考点
M06 T02；	换 φ4mm 钻头
M03 S400；	

G43 G00 Z10 H02;

G98 G81 X24.7485 Y0 Z−18 R5 F30;　　　　　　　G81 循环依次钻 $\phi4mm$ 的孔

X0 Y24.7485;

X0 Y−24.7485;

X−24.7485 Y0;

G49 G00 Z150;

M05;

G28;

M06 T03;　　　　　　　换 $\phi6mm$ 铣刀

M03 S400;

G43 G00 Z10 H03;

G98 G82 X24.7485 Y0 Z−18 R10 P1000 F30;　　　　G82 循环依次铣 $\phi6mm$ 的孔

X0 Y24.7485;

X0 Y−24.7485;

X−24.7485 Y0;

G49 G00 Z150;

M05;

G28;

M06 T04;　　　　　　　换 $\phi8mm$ 铣刀

M03 S400;

G43 G00 Z10 H04;

G00 X0 Y0;

M98 P2;　　　　　　　依次铣四个 $\phi12mm$ 的阶梯孔

G68 X0 Y0 R90;　　　　　旋转指令简化编程

M98 P2;

G68 X0 Y0 R180;

M98 P2;

G68 X0 Y0 R270;

M98 P2;

G49 G00 Z150;

M30;

O2;　　　　　　　子程序

G90 G00 X24.7485 Y0;

G01 Z−10 F50;

G91 G01 X2 F100;

G90 G03 I−2;

G91 G01 X−2;

G90 G00 Z10;

M99;

习　题　四

4-1　编写图 4-45 所示零件的加工程序。毛坯为长方体，六面已精加工完成，要求制订加工工艺、设定刀具参数、编写加工程序。推荐用刀：T1，中心钻；T2，φ8mm 钻头；T3，φ10mm 双刃铣刀；T4，φ18mm 钻头；T5，φ16mm 立铣刀。

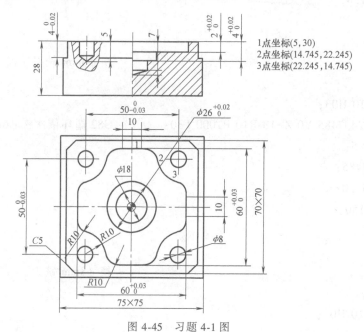

1点坐标(5,30)
2点坐标(14.745,22.245)
3点坐标(22.245,14.745)

图 4-45　习题 4-1 图

4-2　零件如图 4-46 所示，毛坯已经经过粗加工，要求在加工中心上钻 φ14mm 孔，用立铣刀铣 φ20mm、

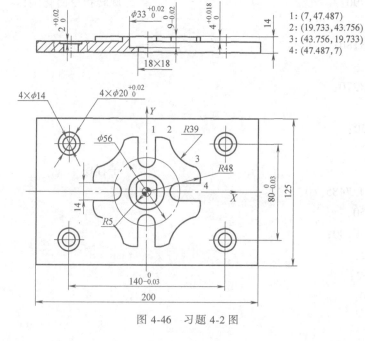

1: (7, 47.487)
2: (19.733, 43.756)
3: (43.756, 19.733)
4: (47.487, 7)

图 4-46　习题 4-2 图

φ33mm 和 18mm×18mm 的孔。要求制订加工工艺，设定刀具参数，编写加工程序。推荐用刀：T1，中心钻；T2，φ14mm 钻头；T3，φ10mm 双刃铣刀；T4，φ30mm 立铣刀。

4-3　加工图 4-47 所示零件，推荐用刀：T1，φ12mm 键槽铣刀；T2，φ16mm 立铣刀；T3，中心钻；T4，φ10mm 钻头。

4-4　试选择合适的刀具加工图 4-48 所示零件，确定加工工艺和切削用量，并用极坐标编制加工程序。

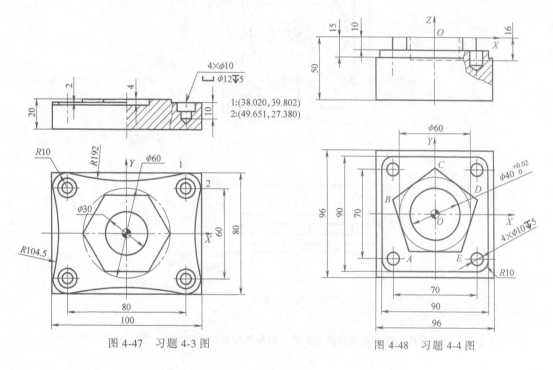

图 4-47　习题 4-3 图　　　　　　　　　图 4-48　习题 4-4 图

4-5　试选择合适的刀具加工图 4-49 所示零件，确定加工工艺和切削用量，并选择不同的坐标系编制加工程序。

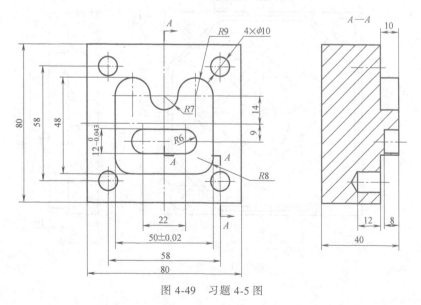

图 4-49　习题 4-5 图

4-6 试选择合适的刀具加工图 4-50 所示零件，确定加工工艺和切削用量，并编制加工程序。

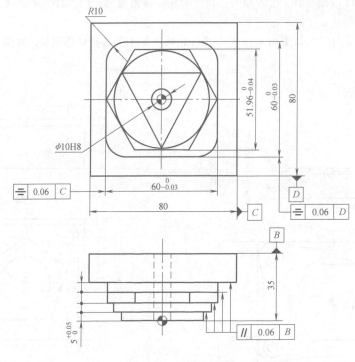

图 4-50 习题 4-6 图

4-7 试选择合适的刀具，制订正确的加工工艺，编程并控制尺寸精度加工图 4-51 所示的零件。

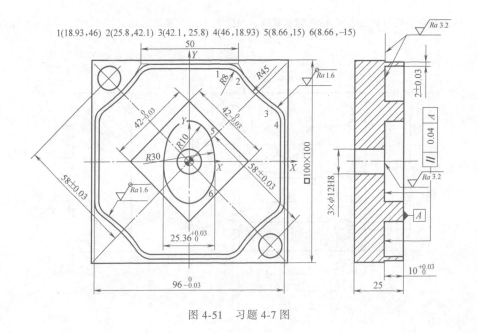

图 4-51 习题 4-7 图

4-8　请仔细审题，选择合适的刀具，制订正确的加工工艺并编写程序，使用 G52 指令设定局部坐标系，控制尺寸精度，加工图 4-52 所示的零件。

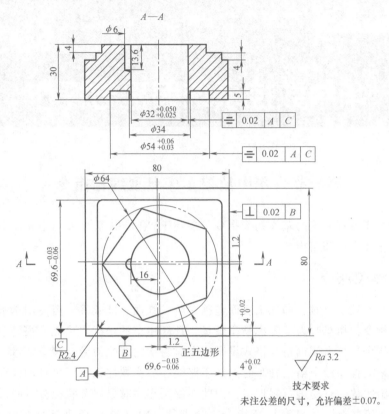

图 4-52　习题 4-8 图

第五章

华中数控系统编程与操作

第一节　华中数控车床典型编程指令

华中数控车床编程系统的基本切削指令与前述 FANUC 0i 系统大同小异，不再赘述，下面将介绍复合循环指令和宏指令。

一、复合循环指令

工件的形状比较复杂时，如加工表面包括台阶、锥面、圆弧等，若使用基本切削指令或单一循环切削指令，粗车时为了考虑精车余量，计算粗车的坐标点可能会很复杂。但是如果使用复合循环指令，只需依据指令格式设定粗车时每次的背吃刀量、精车余量、进给量等参数，再在接下来的程序段中给出精车时的加工路线，那么数控系统即可自动计算出粗加工的刀具路线和进给次数，自动进行粗加工，因此在编制程序时可以节省很多时间。

华中数控车床共有四类复合循环指令，分别是：内（外）径粗车复合循环指令 G71，端面粗车复合循环指令 G72，封闭轮廓复合循环指令 G73 和螺纹切削复合循环指令 G76。

1. 内（外）径粗车复合循环指令 G71

G71 指令适用于在圆柱棒料上粗车阶梯轴的外圆或内孔，需要切除较多余量。

（1）无凹槽加工时　不需加工凹槽时的指令格式、执行过程和指令说明等如下。

1）格式：G71 U（Δd）R（r）P（ns）Q（nf）X（Δx）Z（Δz）F（Δf）S（Δs）T（t）；

$\qquad$ N（ns）…；

$\qquad\qquad$ …S（s）F（f）；

$\qquad\qquad\vdots$

$\qquad$ N（nf）…；

2）执行过程：该指令的刀具循环路径如图 5-1 所示。在 G71 指令的后面程序段中给出精车加工指令，描述点 A 和点 B 间的工件轮廓，并在 G71 指令中给出精车余量 Δx、Δz 及背吃刀量 Δd，数控装置即自动计算出粗车的加工路径并控制刀具完成粗车，且最后沿着粗车轮廓 $A' \rightarrow B'$ 车削一刀，再退回至循环起点 C，完成粗车循环。

3）各项含义：

Δd 为粗车时每次的背吃刀量（切削深度），即 X 轴方向的进给量，深度以半径值表示，指定时不加符号，方向由矢量 AA' 决定。

r 为每次切削结束的退刀量。

ns 为精车开始程序段的顺序号。

nf 为精车结束程序段的顺序号。

Δx 为 X 轴方向的精加工余量，以直径值表示。

Δz 为 Z 轴方向的精加工余量。

Δf 为粗车时的进给量。

Δs 为粗车时的主轴功能（一般在指令 G71 之前即已指明，故大都省略）。

t 为粗车时所用的刀具（一般在指令 G71 之前即已指明，故大都省略）。

s 为精车时的主轴功能。

f 为精车时的进给量。

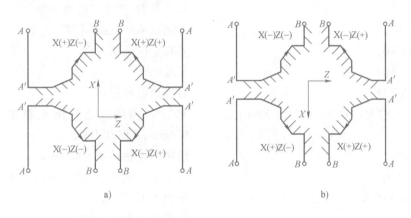

图 5-1　内（外）径粗车复合循环路径

4）精加工余量 X（Δx）和 Z（Δz）的符号：G71 切削循环下，切削进给方向平行于 Z 轴，指令中 X（Δx）和 Z（Δz）的符号设定如图 5-2 所示，其中（+）表示沿坐标轴正方向移动，（-）表示沿坐标轴负方向移动。

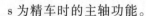

图 5-2　精加工余量 X（Δx）和 Z（Δz）的符号

a）后置刀架　b）前置刀架

5）注意事项：

① G71 指令必须带有 P、Q 地址 ns、nf，且与精加工路径起、止顺序号对应，否则不能进行该循环加工。

② 在 ns 的程序段中只能使用 G00/G01 指令，即从循环起点 C 到点 A 的动作必须是直线或点定位运动。

③ 在顺序号为 ns～nf 的程序段中，不应包含子程序和换刀指令。

④ 粗加工时 G71 中编程的 F、S、T 有效，而精加工时 ns～nf 程序段之间的 F、S、T 有效。

【例 5-1】　用外径粗车复合循环指令编制图 5-3 所示零件的加工程序，要求循环起点在 A（46，3），背吃刀量为 1.5mm（半径量），退刀量为 1mm，X 方向精加工余量为 0.4mm，Z 方向精加工余量为 0.1mm，图中细双点画线部分为毛坯轮廓。

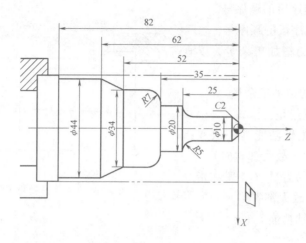

图 5-3　G71 外径复合循环指令编程实例

编写程序如下：

%0001；	
T0101；	调 1 号刀,建立工件坐标系
M03 S400；	主轴以 400r/min 正转
G00 X46 Z0；	刀具定位至切入点
G01 X0 F60；	车端面
G00 X46 Z3；	刀具到循环起点
G71 U1.5 R1 P1 Q2 X0.4 Z0.1 F100；	粗加工,背吃刀量 1.5mm,精加工余量 X 向 0.4mm,Z 向 0.1mm
M03 S600；	精加工主轴转速 600r/min
N1 G00 X0；	精加工轮廓开始,到倒角延长线
G01 G42 X10 Z-2 F50；	精加工 C2 倒角
Z-20；	精加工 ϕ10mm 外圆
G02 U10 W-5 R5；	精加工 R5mm 圆弧
G01 W-10；	精加工 ϕ20mm 外圆
G03 U14 W-7 R7；	精加工 R7mm 圆弧
G01 Z-52；	精加工 ϕ34mm 外圆
U10 W-10；	精加工外圆锥
N2 W-20；	精加工 ϕ44mm 外圆,精加工轮廓结束
X50；	退出已加工面
G40 G00 X80 Z80；	回对刀点
M05；	主轴停
M30；	主程序结束并复位

【例 5-2】　用内径粗车复合循环指令 G71 编制图 5-4 所示零件的加工程序，要求循环起点在 A（9，5），背吃刀量为 1.5mm（半径量），退刀量为 1mm，X 方向精加工余量为 0.4mm，Z 方向精加工余量为 0.1mm，图中细双点画线部分为毛坯内轮廓。

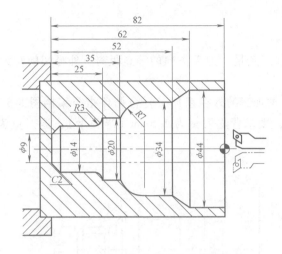

图 5-4　G71 内径复合循环指令编程实例

编写程序如下：

%0002;	
T0202;	调 2 号刀,建立工件坐标系
G00 X80 Z80;	到程序起点位置
M03 S600;	主轴正转,转速 600r/min
G00 X9 Z5;	快进至循环起点
G71 U1.5 R1 P9 Q17 X-0.4 Z0.1 F100;	粗加工,背吃刀量 1.5mm,精加工余量 X 向 0.4mm,Z 向 0.1mm
N9 G00 G41 X44;	精加工轮廓开始,2 号刀加入刀尖圆弧半径补偿,到 ϕ44mm 内孔处
G01 W-20 F60;	精加工 ϕ44mm 内孔
X34 W-10;	精加工内圆锥
W-10;	精加工 ϕ34mm 内孔
G03 X20 W-7 R7;	精加工 R7mm 圆弧
G01 W-10;	精加工 ϕ20mm 内孔
G02 X14 W-3 R3	精加工 R3mm 圆弧
G01 Z-80;	精加工 ϕ14mm 内孔
X10 Z-82;	精加工 C2 倒角,精加工轮廓结束
N17 G40 X9;	退出已加工表面,取消刀尖圆弧半径补偿
G00 Z80;	退出工件内孔
X80;	回程序起点或换刀点位置
M30;	主轴停转,主程序结束并复位

（2）有凹槽加工时　需加工凹槽时的指令格式及说明如下。

1）格式：G71 U (Δd) R (r) P (ns) Q (nf) E (e) F (f) S (s) T (t);

　　　　N (ns) …;

　　　　　…S (s) F (f);

⋮

N（nf）…；

2）说明：e 为精加工余量，为 X 方向的等高距离，外径切削时为正，内径切削时为负。其余各项同前。

【例 5-3】 用有凹槽加工的外径粗加工复合循环指令编制图 5-5 所示零件的加工程序，毛坯为 φ50mm 的棒料。要求背吃刀量为 1.5mm（半径量），退刀量为 1mm，X 方向精加工余量为 0.3mm。

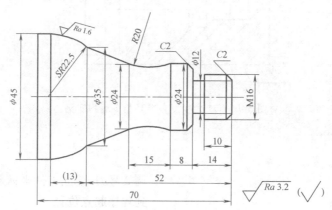

图 5-5 G71 指令加工带凹槽零件编程实例

编写程序如下：

```
%0003;
T0101;
M03 S600;
G00 X52 Z0;
G01 X0 F80;                              平端面
G00 X51 Z2;
G71 U1.5 R1 P5 Q6 E0.3 F150;
M03 S800;
N5 G00 X8 Z2;
G01 X16 Z-2 F60;
Z-14;
X20;
X24 W-2;
Z-22;
G02 W-15 R20;
G01 X35 Z-52;
G03 X45 W-13 R22.5;
G01 Z-75;
N6 X51;
```

G00 X80 Z80;

T0202;　　　　　　　　　　　　换切槽刀,刀宽 3mm

M03 S400;

G00 X30 Z-14;　　　　　　　　车退刀槽

G01 X12 F30;

G00 X30;

W1;

G01 X12;

G00 X80;

Z80;

T0303;　　　　　　　　　　　　车螺纹

G00 X17 Z2;

G82 X15.2 Z-12 C1 P0 F1.5;

G82 X14.6 Z-12 C1 P0 F1.5;

G82 X14.2 Z-12 C1 P0 F1.5;

G82 X14.04 Z-12 C1 P0 F1.5;

G00 X80 Z80;

T0202;　　　　　　　　　　　　切断

G00 X52 Z-73;

G01 X10 F30;

G00 X80;

Z80;

M30;

2. 端面粗车复合循环指令 G72

1）格式：G72 W（Δd）R（r）P（ns）Q（nf）X（Δx）Z（Δz）F（Δf）S（Δs）T（t）;

　　　　N（ns）…;

　　　　…S（s）F（f）;

　　　　　　：

　　　　N（nf）…;

2）说明：该循环指令与 G71 指令的区别仅在于其切削方向平行于 X 轴。该指令执行图 5-6 所示的粗加工和精加工路径，其中精加工路径为 $A \rightarrow A' \rightarrow B' \rightarrow B$。Δd 为背吃刀量（每次沿 Z 方向的切削进给量），指定时不加符号，方向由矢量 **AA'** 决定。其余各项同 G71 指令。

【例 5-4】　用端面粗车复合循环指令 G72 编制图 5-7 所示零件的加工程序，要求循环起点在 A（80，1），背吃刀量为

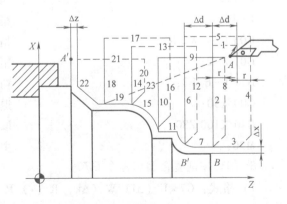

图 5-6　端面粗车复合循环的路径

1.2mm，退刀量为1mm，X 方向精加工余量为0.2mm，Z 方向精加工余量为0.5mm，图中细双点画线部分为毛坯轮廓。

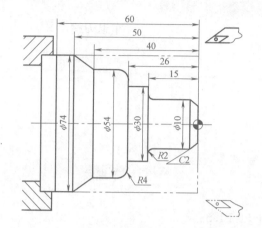

图 5-7 G72 端面粗车复合循环指令编程实例

编写程序如下：

%0004；

T0101；	换 1 号刀,确定其坐标系
G00 X100 Z80；	到程序起点或换刀点位置
M03 S400；	主轴以 400r/min 正转
X80 Z1；	到循环起点位置
G72 W1.2 R1 P8 Q17 X0.2 Z0.5 F100；	外端面粗车循环加工
N8 G00 G42 Z−53；	精加工轮廓开始,加入刀尖圆弧半径补偿,到锥面延长线处
G01 X54 Z−40 F80；	精加工锥面
Z−30；	精加工 ϕ54mm 外圆
G02 U−8 W4 R4；	精加工 R4mm 圆弧
G01 X30；	精加工 Z−26mm 处端面
Z−15；	精加工 ϕ30mm 外圆
U−16；	精加工 Z−15mm 处端面
G03 U−4 W2 R2；	精加工 R2mm 圆弧
G01 Z−2；	精加工 ϕ10mm 外圆
N17 U−6 W3；	精加工 C2 倒角,精加工轮廓结束
G00 X50；	退出已加工表面
G40 X100 Z80；	取消半径补偿,返回程序起点位置
M30；	主轴停,主程序结束并复位

3. 闭环车削复合循环指令 G73

1）格式：G73 U（Δi）W（Δk）R（r）P（ns）Q（nf）X（Δx）Z（Δz）F（Δf）S（Δs）T（t）；

N（ns）…；

…S（s）F（f）；

    ⋮

N（nf）…；

执行 G73 指令切削工件时，刀具轨迹为图 5-8 所示封闭回路，刀具逐渐进给，使封闭切削回路逐渐向零件最终形状逼近，最终将工件切削成形，其精加工路径为 $A \rightarrow A' \rightarrow B' \rightarrow B$，加工轨迹是零件轮廓的等距线。这种指令适于对铸造、锻造等粗加工中已初步成形的工件进行高效切削。

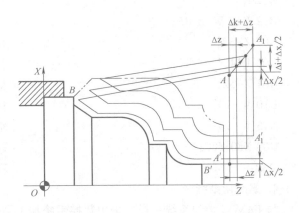

图 5-8　闭环车削复合循环的路径

2）说明：Δi 为 X 轴方向的粗加工总余量，Δk 为 Z 轴方向的粗加工总余量，r 为粗切削次数。其余各项的含义同 G71 指令。

Δi 和 Δk 表示粗加工时总的切削量，粗加工次数为 r，则每次 X、Z 方向的切削量分别为 $\Delta i/r$ 和 $\Delta k/r$。按 G73 中 P 和 Q 之间的指令实现循环加工，要注意 Δx 和 Δz，Δi 和 Δk 的正负号。

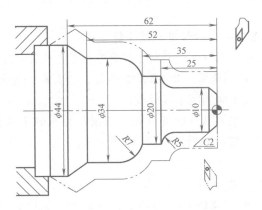

图 5-9　G73 闭环车削复合循环指令编程实例

【例 5-5】　用 G73 循环指令编制图 5-9 所示零件的加工程序，设切削起点在 A（60，5），X、Z 方向粗加工余量分别为 3mm 和 0.9mm，粗加工次数为 3，X、Z 方向的精加工余量分别为 0.6mm 和 0.1mm，图中细双点画线部分为毛坯轮廓。

编写程序如下：

程序	说明
%0005；	
T0101；	换 1 号刀,建立工件坐标系
M03 S400；	主轴正转,转速 400r/min
G00 X60 Z5；	快进至循环起点位置
G73 U3 W0.9 R3 P5 Q13 X0.6 Z0.1 F120；	闭环粗切循环加工
N5 G00 X0 Z3；	精加工轮廓开始,到倒角延长线处
G01 U10 Z-2 F80；	精加工 $C2$ 倒角

Z-20;	精加工 $\phi 10$mm 外圆
G02 U10 W-5 R5;	精加工 $R5$mm 圆弧
G01 Z-35;	精加工 $\phi 20$mm 外圆
G03 U14 W-7 R7;	精加工 $R7$mm 圆弧
G01 Z-52;	精加工 $\phi 34$mm 外圆
U10 W-10;	精加工锥面
N13 W-10;	精加工 $\phi 44$mm 外圆,精加工轮廓结束
G00 X80 Z80;	返回程序起点位置
M30;	程序结束并复位

4. 螺纹切削指令

与 FANUC 数控系统一样,华中数控系统加工螺纹的指令有 G32、G82 和 G76。

螺纹车削基本指令 G32 只使刀具沿螺纹表面切削一层,需要配合其他 3 个程序段才能完成一次进给加工;执行简单循环指令 G82,刀具进行 "进刀→螺纹切削→退刀→返回" 四个动作,一个程序段能完成一次进给加工,但仍需多次进刀方可完成螺纹切削。若使用复合循环指令 G76,刀具自动进行多次进给切削,只需一个指令即可加工出整个螺纹。

(1) 螺纹切削简单循环指令 G82

1) 格式:G82 X(U)＿ Z(W)＿ R ＿ E ＿ C ＿ P ＿ F ＿;

2) 各项含义:

X、Z 为绝对值编程时,有效螺纹终点的坐标。

U、W 为增量值编程时,螺纹终点相对于循环起点的有向距离。

R、E 分别为 Z、X 向的退尾量,R、E 均为向量,若省略,表示不用回退功能。

C 为螺纹线数,为 0 或 1 时切削单线螺纹。

P 为单线螺纹切削时,主轴基准脉冲处距离切削起始点的主轴转角 (默认值为 0);多线螺纹切削时,为相邻螺纹切削起始点之间对应的主轴转角 (双线螺纹 P 取 180)。

F 为螺纹导程。

(2) 螺纹切削复合循环指令 G76

1) 格式:G76 C(c) R(r) E(e) A(a) X(x) Z(z) I(i) K(k) U(d) V(Δd_{min}) Q(Δd) P(p) F(L);

2) 各项含义:

c 为精车次数,必须用两位数表示,范围为 01～99,为模态值。

r、e 分别为螺纹 Z、X 向退尾长度 (00～99),为模态值。

a 为刀尖角度 (两位数字),有 80°、60°、55°、30°、29° 和 0°,为模态值。

i 为车削锥度螺纹时,起点与终点的半径差。若 i=0 或省略,则为直螺纹切削方式。

k 为 X 轴方向的螺纹深度 (螺纹高度),以半径值表示。

Δd_{min} 为最小背吃刀量 (半径值),若自动计算而得的背吃刀量小于 Δd_{min} 时,则取 Δd_{min}。

d 为精加工余量 (半径值)。

Δd 为第一次背吃刀量,以半径值表示。

X (x)、Z (z)、P (p)、F (L) 的含义同 G82。

3）执行过程：螺纹切削固定循环指令 G76 执行图 5-10 所示加工轨迹。其中，*B* 点到 *D* 点（包括退尾长度）的切削速度由 F 代码指定，而其他轨迹均为快速进给。

4）注意事项：

① G76 指令按 X（x）和 Z（z）实现循环加工，用 G91 指令定义为增量值编程，使用后用 G90 指令定义为绝对值编程。注意，增量值编程时，X 和 Z 的正负号由刀具轨迹 *AB* 和 *BC* 段的方向决定。

② G76 循环进行单边切削，减小了刀尖的受力。每次循环的背吃刀量为 $\Delta d(\sqrt{n}-\sqrt{n-1})$，因此，执行 G76 循环的背吃刀量是逐渐递减的。单边切削参数如图 5-11 所示。

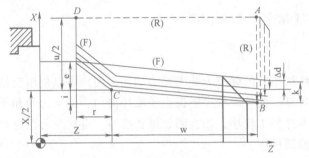

图 5-10　螺纹切削复合循环的路径

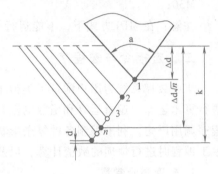

图 5-11　单边切削参数

【例 5-6】　用螺纹切削复合循环指令 G76 编程加工螺纹 Mc60×2，工件尺寸如图 5-12 所示，其中括弧内尺寸根据标准查得。

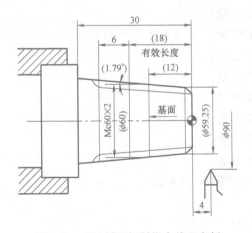

图 5-12　G76 循环切削指令编程实例

编写程序如下：

%0006;

T0101;　　　　　　　　　　　　　　换 1 号刀,确定其坐标系

G00 X100 Z100;　　　　　　　　　　到程序起点或换刀点位置

M03 S400;　　　　　　　　　　　　主轴以 400r/min 正转

G00 X90 Z4;　　　　　　　　　　　到简单循环起点位置

G80 X61.125 Z-30 I-0.94 F80;　　　加工锥螺纹外表面

G00 X100 Z100；	到程序起点或换刀点位置
T0202；	换2号刀,确定其坐标系
M03 S300；	主轴以 300r/min 正转
G00 X90 Z4；	到螺纹循环起点位置
G76 C02 R-3 E1.3 A60 X58.15 Z-24 I-0.94 K1.299 U0.1 V0.1 Q0.9 F2；	螺纹切削循环
G00 X100 Z100；	返回程序起点位置或换刀点位置
M05；	
M30；	

注意：在 MDI 方式下，不能运行 G71 指令，可运行 G76 指令。

二、宏指令与宏程序

华中数控系统为用户配备了类似于高级语言的强有力的宏程序功能，用户可以使用变量进行算术运算、逻辑运算和函数的混合运算。此外宏程序还提供了循环语句、分支语句和子程序调用语句，利于编制各种复杂形状零件加工程序，如椭圆、抛物线等，可减少乃至免除手工编程时进行烦琐的数值计算，以及精简程序。

1. 宏变量及常量

（1）宏变量　宏变量范围为#0~#599，分层说明如下：

#0~#49：当前局部变量；

#50~#199：全局变量；

#200~#249：0 层局部变量；

#250~#299：1 层局部变量；

#300~#349：2 层局部变量；

#350~#399：3 层局部变量；

#400~#449：4 层局部变量；

#450~#499：5 层局部变量；

#500~#549：6 层局部变量；

#550~#599：7 层局部变量。

（2）常量　常量有 PI、TRUE、FALSE。

PI：圆周率 π；

TRUE：条件成立（真）；

FALSE：条件不成立（假）。

2. 运算符与表达式

（1）算术运算符　+、-、*、/。

（2）条件运算符　EQ（=）、NE（≠）、GT（>）、GE（≥）、LT（<）、LE（≤）。

（3）逻辑运算符　AND、OR、NOT。

（4）函数　SIN（正弦）、COS（余弦）、TAN（正切）、ATAN（反正切）、ABS（绝对值）、INT（取整）、SIGN（取符号）、SQRT（开方）、EXP（指数）。

（5）表达式　用运算符连接起来的常数、宏变量构成表达式，如 175/SQRT[2]*COS

$[55 * PI/180]$，$\#3 * 6 \ GT14$。

3. 赋值语句

把常数或表达式的值赋给一个宏变量称为赋值。

格式：宏变量=常数或表达式

例如，$\#2 = 175/SQRT[2] * COS[55 * PI/180]$，$\#3 = 124.0$。

4. 条件判别语句（IF，ELSE，ENDIF）

格式：

1）IF 条件表达式

　　…

　　ELSE

　　…

　ENDIF

2）IF 条件表达式

　　…

　ENDIF

5. 循环语句（WHILE，ENDW）

格式：

　　WHILE 条件表达式

　　　…

　　ENDW

6. 宏程序编程实例

【例 5-7】　用宏程序编制图 5-13 所示零件的加工程序，其表面形状为抛物线（$Z = -X^2/8$）。

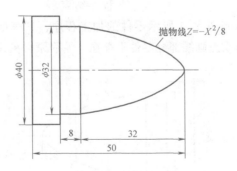

抛物线 $Z = -X^2/8$

图 5-13　抛物线宏程序编制

所用刀具：1 号刀为外圆车刀，2 号刀为切槽刀，刀宽 3mm。

编写加工程序如下：

%0007；

T0101；　　　　　　　　　　　　　　　　换 1 号刀

M03 S600；

G00 X42 Z3；　　　　　　　　　　　　　快速到循环加工的起点

```
G71 U1.5 R1 P1 Q2 X0.4 Z0.1 F100;        外圆粗加工循环
N1 G01 X0 Z3 F50;                        精加工的第一条指令，必须是 G01 或 G00
#10 = 0;                                 X 方向的变量，初值设为 0
#11 = 0;                                 Z 方向的变量，初值设为 0
WHILE #10 LE 16;                         WHILE 循环语句，条件为 X≤16
G01 X［2 * #10］Z［-#11］F50;           用直线逼近抛物线轨迹
    #10 = #10+0.08;                      X 方向的进给量为 0.08mm
    #11 = #10 * #10/8;
ENDW;                                    循环结束
G01 X32 Z-32;
G01 X32 Z-40;
G01 X40;
N2 G01 X40 Z-53;                         外圆粗车加工循环结束
G00 X50;
G00 X50 Z50;                             回到换刀点
T0202;                                   换 2 号刀，刀宽 3mm
M03 S300;
G00 X43 Z3;
G00 X43 Z-53;
G01 X10 F30;                             切断
G00 X50;
Z50;
M05;                                     主轴停转
M30;                                     程序结束
```

【例 5-8】 用宏程序编制图 5-14 所示零件的加工程序，其表面形状为抛物线（$Z = -X^2/8$），其中抛物线不完整，细双点画线部分零件不存在，编程原点在 A 点。

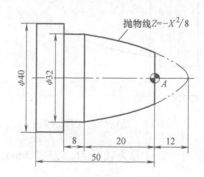

图 5-14　抛物线程序编制

所用刀具：1 号刀为外圆车刀，2 号刀为切槽刀，刀宽 3mm。

编写加工程序如下：

%0008;

T0101；	换 1 号刀
M03 S600；	
G00 X42 Z3；	快速到循环加工的起点
G71 U1.5 R1 P1 Q2 X0.4 Z0.1 F100；	外圆粗加工循环
N1 G01 X30 Z3 F50；	精加工的第一条指令，必须是 G01 或 G00
#11=12；	Z 方向的变量，初值设为 12
#10=SQRT[8∗[#11]]；	X 方向的变量
WHILE #10 LE 16；	WHILE 循环语句，条件为 X≤16
G01 X[2∗#10] Z[-[#11-12]] F50；	用直线逼近抛物线轨迹
#10=#10+0.08；	X 方向的进给量为 0.08mm
#11=#10∗#10/8；	
ENDW；	循环结束
G01 X32 Z-20；	
G01 X32 Z-28；	
G01 X40；	
N2 G01 X40 Z-41；	外圆精车加工循环结束
G00 X50；	
G00 X50 Z50；	回到换刀点
T0202；	换 2 号刀，刀宽 3mm
M03 S300；	
G00 X43 Z3；	
G00 X43 Z-41；	
G01 X10 Z-41 F30；	切断
G00 X50；	
Z50；	
M05；	主轴停转
M30；	程序结束

【**例 5-9**】　用直径为 $\phi25mm$ 的圆棒毛坯，加工图 5-15 所示零件，加工椭圆部分的程序用宏指令编程。已知椭圆方程：$Z^2/18^2+X^2/10^2=1$，其中长轴 $a=18$，短轴 $b=10$。

（1）分析　将椭圆方程化为参数方程为：$X=10∗\sin\alpha$，$Z=18∗\cos\alpha$，其中 α 为椭圆的圆心角，由 $\tan\alpha=a/b∗\tan135°$，求得 $\alpha=119.055°$。

（2）所用刀具　1 号刀为 35°菱形外圆车刀，2 号刀为螺纹车刀，3 号刀为切槽刀，刀宽 3mm。

（3）加工程序　编写加工程序如下：

```
%0009；
T0101；
```

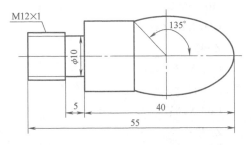

图 5-15　椭圆程序编制

```
M03 S600;
G00 X25 Z2;
G71 U1 R0.5 P1 Q15 X0.4 Z0.1 F100;
N1 G00 X0 Z2;
#10＝0;                                    椭圆圆心角变量 α,初值设为 0
#11＝0;                                    X 方向的变量,初值设为 0
#12＝0;                                    Z 方向的变量,初值设为 0
WHILE #10 LE119.055;                       圆心角 α≤119.055°
G01 X[2＊#11] Z[#12] F50;                  用直线逼近椭圆
    #10＝#10+1;                            圆心角每次加 1°
    #11＝10＊SIN[#10＊PI/180];             随着圆心角 α 的变化,X 值发生变化
    #12＝18＊COS[#10＊PI/180]－18;         随着圆心角 α 的变化,Z 值发生变化
ENDW;
N15 G01 Z－60 F50;
G00 X25;
Z50;                                      回换刀点
T0303;                                    换 3 号刀
M03 S300;
G00 X25 Z2;
Z－45;
G01 X10 F30;
G01 X15;
Z－43;
G01 X10;                                  车槽
G01 X25 F30;
G00 X25 Z30;
T0101;                                    换 1 号刀
M03 S500;
G00 X25 Z2;
Z－43;
G01 X13 F50;
Z－60;
G00 X14;
Z－43;
G01 X12;
Z－60;                                    车 φ10mm 轴
X25;
G00 Z30;
T0202;                                    换 2 号刀
```

M03 S300；
G00 X20 Z2；
Z-44；
G01 X12 F50；
G76 X10.8 Z-57 K0.649 U0.2 V0.2 Q0.7 F1；螺纹加工
G00 X25；
Z30；
T0303；   换 3 号刀
M03 S300；
G00 X25 Z2；
Z-58；
G01 X10 F50；   零件切断
G01 X30 F200；
G00 Z30；
M05；   主轴停转
M30；   程序结束

第二节 华中数控铣床典型编程指令

一、子程序

各种数控系统中，关于子程序的概念、意义、指令格式及执行过程都是相似的。在此简要介绍华中数控系统子程序的特点及用法。

在一个加工程序中，若有几个完全相同的部分程序（即一个零件中有几处形状相同或刀具运动轨迹相同），为了缩短程序，可以把这个部分单独抽出，编成一个程序，该程序称为子程序，原来的程序称为主程序。

1. 指令

子程序调用指令 M98，用于在主程序中调用子程序；从子程序返回指令 M99，表示子程序结束，并返回到主程序。需要时主程序可以随时调用子程序。

2. 执行过程

在执行主程序期间出现子程序调用指令时，就去执行子程序；当子程序执行完毕，返回主程序继续往下执行。调用子程序的执行过程如图 5-16 所示。

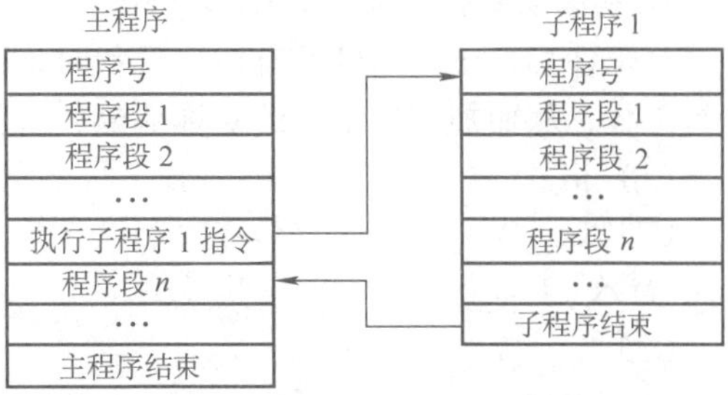

图 5-16 调用子程序的执行过程

3. 格式

（1）调用子程序指令 格式：M98 P ___ L ___；
其中，P 为被调用的子程序号；L 为重复调用次数，当不指定重复数据时，表示只调用一次子程序。

例如，下面的程序表示主程序调用 6 次 1000 号子程序。

%0001;

G54 G90 G00 X0 Y0 Z10;

G00 X-10 Y-10;

M03 S600;

G01 Z-5 F200;

M98 P1000 L6;

G00 Z50;

M30;

（2）子程序返回指令 M99　在子程序开头，必须规定子程序号，以作为调用入口地址。在子程序的结尾用 M99，以控制执行完该子程序后返回主程序。

下面的程序即为 1000 号子程序：

%1000;

G91 G01 X100 F200;

Y10;

X-100;

Y10;

M99;

延伸思考：分析以上程序的执行过程，画出刀具在 XY 平面的运动轨迹。

4. 说明

1）调用指令可以重复地调用子程序，最多 32767 次。

2）主程序可以调用多个子程序，最多 64 个。

3）子程序可以由主程序调用，被调用的子程序也可以调用另一个子程序，这称为子程序嵌套。当主程序调用子程序时它被认为是一级子程序，子程序调用可以嵌套 8 级。

二、简化编程指令

当所加工的零件具有相似、对称等特征时，可使用华中数控系统提供的简化编程指令，达到简化编程、提高效率的目的。

1. 镜像功能指令 G24、G25

当工件相对于某一轴具有对称形状时，可以利用镜像功能和子程序，只对工件的一部分进行编程，从而加工出工件的对称部分，这就是镜像功能。

（1）格式

G24 X __ Y __ Z __;

　M98　P __;

G25 X __ Y __ Z __;

（2）说明

1）G24 为建立镜像指令，G25 为取消镜像指令，X、Y、Z 表示镜像位置。

2）G24、G25 为模态指令，可相互注销，G25 为默认值。

（3）注意事项

1）在指定平面内执行镜像指令时，如果程序中有圆弧指令，则圆弧的旋转方向相反，即 G02 变成 G03，相应地，G03 变成 G02。

2）在指定平面内执行镜像指令时，如果程序中有刀具半径补偿指令，则刀具半径补偿的偏置方向相反，即 G41 变成 G42，G42 变成 G41。

3）数控系统数据处理的顺序是：镜像→比例缩放→坐标系旋转→刀具半径补偿，所以在指定这些指令时，应按顺序指定，取消时，顺序相反。

4）当某一轴的镜像有效时，该轴执行与编程方向相反的运动。

【例 5-10】　使用镜像功能指令编制图 5-17 所示轮廓的加工程序。设刀具起点距工件上表面 10mm，背吃刀量为 5mm。

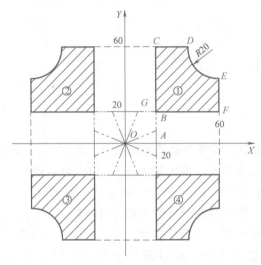

图 5-17　镜像功能指令编程实例

编写程序如下：

```
%0010；
G90 G54 G17 G00 X0 Y0；
M03 S600；
G43 Z10 H01；                    建立刀具长度补偿
X0 Y0；
G01 Z-5 F50；
M98 P100；                       加工①
G24 X0；                         Y 轴镜像,镜像位置为 X=0
M98 P100；                       加工②
G24 Y0；                         X、Y 轴镜像,镜像位置为(0,0)
M98 P100；                       加工③
G25 X0；                         X 轴镜像继续有效,取消 Y 轴镜像
M98 P100；                       加工④
G25 Y0；                         取消镜像
G49 G00 Z150；                   取消长度补偿
M30；
```

%0100；   子程序

G41 G00 X20 Y20 D01；   建立刀具半径补偿

Y60 F150；   铣削轮廓

X40；

G03 X60 Y40 R20；

G01 Y20；

X20；

G40 X0 Y0；   取消刀具半径补偿

M99；

2. 缩放功能指令 G50、G51

（1）格式

G51 X __ Y __ Z __ P __；

M98 P __；

G50；

（2）说明

1）G51 为建立缩放指令，G50 为取消缩放指令，X、Y、Z 为缩放中心的坐标值，P 为缩放倍数。G51、G50 为模态指令，可相互注销，G50 为默认值。

2）G51 既可指定平面缩放，也可指定空间缩放。在 G51 后，运行指令的坐标值以点（X，Y，Z）为缩放中心，按 P 规定的缩放比例进行计算。

3）在有刀具补偿的情况下，先进行缩放，然后才进行刀具半径补偿、刀具长度补偿。

【例 5-11】 使用缩放功能指令编制图 5-18 所示图形的加工程序。已知图形尺寸为 60mm×40mm×4mm，缩放倍数为 2。

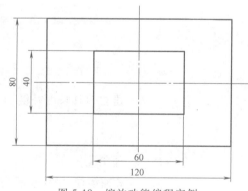

图 5-18　缩放功能编程实例

编写程序如下：

%0001；

G54 G50 G90 G00 Z20；

M03 S800；

Z5；

X-55 Y60；

M98 P11；   加工矩形轮廓 60mm×40mm×4mm

G51 X0 Y0 P2；　　　　　　　X、Y、Z 轴在 60mm×40mm×4mm 基础上均放大 2 倍

M98 P11；　　　　　　　　　　加工矩形轮廓 120mm×80mm×8mm

G50；　　　　　　　　　　　　取消缩放功能

G00 Z100；

M30；

%0011；

G00 X−50 Y50；

G41 X−30 Y20 D1；

G01 Z−4 F222；

X30；

Y−20；

X−30；

Y20；

G00 Z5；

G40 X−50 Y50；

M99；

3. 旋转变换指令 G68、G69

对于某些围绕中心旋转得到的特殊轮廓的加工，如果根据旋转后的实际加工轨迹进行编程，就可能使坐标计算的工作量大大增加，而通过图形旋转功能，可以大大简化编程的工作量。

（1）格式

G17 G68 X ＿ Y ＿ P ＿；

或 G18 G68 X ＿ Z ＿ P ＿；

或 G19 G68 Y ＿ Z ＿ P ＿；

M98 P ＿；

G69；

（2）说明

1）G68 为建立旋转指令，G69 为取消旋转指令，X、Y、Z 为旋转中心的坐标值，P 为旋转角度，单位是°（度），$0° \leqslant P \leqslant 360°$，旋转角度的 0°方向为第一坐标轴的正方向，逆时针方向为角度方向的正向。

2）G68、G69 为模态指令，可相互注销，G69 为默认值。

3）在有刀具补偿的情况下，先旋转后刀补（刀具半径补偿、长度补偿）；在有缩放功能的情况下，先缩放后旋转。

【例 5-12】　选 ϕ8mm 平底铣刀，使用旋转功能编制图 5-19 所示轮廓的加工程序，图案 360°均布（图中只画出 3 个），切削深度为 2mm。

编写程序如下：

%0012；

G54 G90 G17 G00 X0 Y0 Z10.0；

M03 S600；

M98 P2000；

G68 X0 Y0 P45.0；

M98 P2000；

G68 X0 Y0 P90.0；

M98 P2000；

G68 X0 Y0 P135.0；

M98 P2000；

G68 X0 Y0 P180.0；

M98 P2000；

G68 X0 Y0 P225.0；

M98 P2000；

G68 X0 Y0 P270.0；

M98 P2000；

G68 X0 Y0 P315.0；

M98 P2000；

G00 Z50.0；

G69；

M30；

%2000；

G00 X20.0 Y-6；

G01 Z-2.0 F200；

G41 Y0 D01；

G02 X40.0 I10.0；

X30.0 I-5.0；

G03 X20.0 I-5.0；

G00 Z10.0；

G40 Y-6.0；

G00 X0 Y0；

M99；

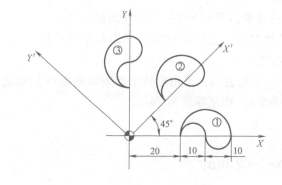

图 5-19　旋转变换指令编程实例

习　题　五

5-1　利用子程序编程加工图 5-20 所示零件，已知毛坯是直径 $\phi25\text{mm}$ 的铝棒，切槽刀宽 2mm。

5-2　已知毛坯是直径 $\phi45\text{mm}$ 的铝棒，编程加工图 5-21 所示零件，注意控制尺寸精度。

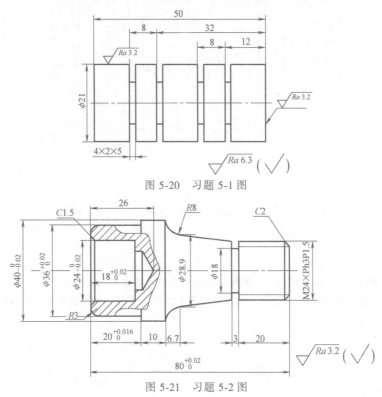

图 5-20　习题 5-1 图

图 5-21　习题 5-2 图

5-3　已知毛坯是直径 $\phi50\text{mm}$ 的铝棒，椭圆方程为 $X^2/10^2 + Z^2/7^2 = 1$。试用宏指令编程加工图 5-22 所示零件。

5-4　已知毛坯是直径 $\phi40\text{mm}$ 的铝棒，编程加工图 5-23 所示零件，注意控制尺寸精度。

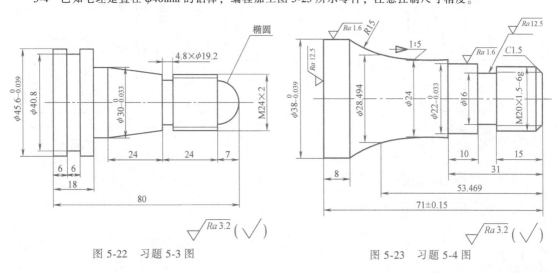

图 5-22　习题 5-3 图　　　　　　图 5-23　习题 5-4 图

5-5　已知毛坯是直径 ϕ45mm 的铝棒，编写图 5-24 所示零件的加工程序。

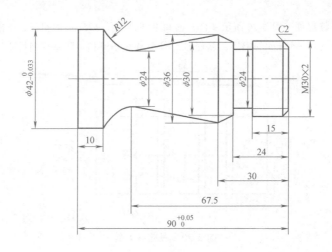

图 5-24　习题 5-5 图

5-6　毛坯为 ϕ110mm×45mm 的铝材。编程加工图 5-25 所示零件的内外轮廓。

5-7　已知毛坯是直径 ϕ40mm 的铝棒，编程加工图 5-26 所示零件。椭圆方程为：$X^2/11^2+Z^2/9^2 = 1$。

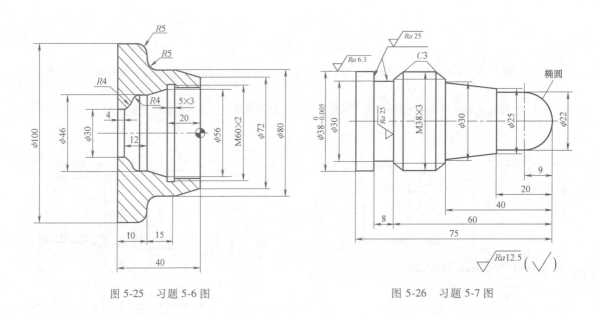

图 5-25　习题 5-6 图　　　　　　图 5-26　习题 5-7 图

5-8　已知毛坯是 ϕ50mm×100mm 的铝棒，编写图 5-27 所示零件的加工程序，注意控制尺寸精度。

5-9　利用简化编程指令编制图 5-28 所示图形的加工程序，设每层图形深度为 2mm，缩放比例取 1.25。

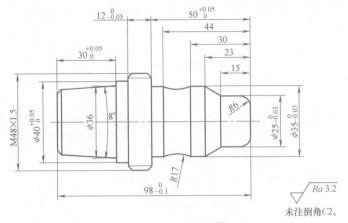

图 5-27　习题 5-8 图

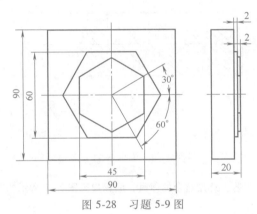

图 5-28　习题 5-9 图

5-10　试控制尺寸精度，编制图 5-29 所示零件的加工程序。

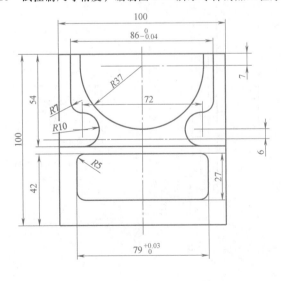
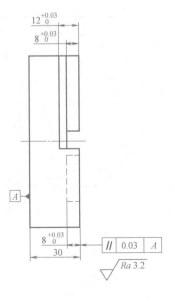

图 5-29　习题 5-10 图

5-11 试控制尺寸精度,编制图 5-30 所示零件的加工程序。

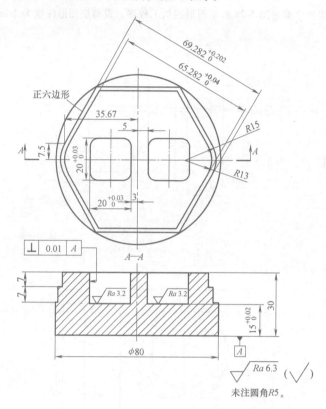

图 5-30 习题 5-11 图

5-12 试制订正确的加工工艺,选用适合的刀具,编程加工图 5-31 所示的零件。

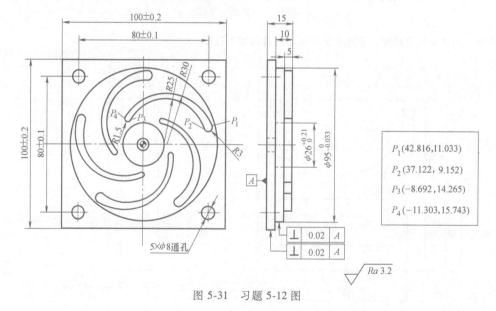

图 5-31 习题 5-12 图

附　录

附录 A　数控车削加工实训指导手册

一、实训目的

强化学生工艺分析和工艺设计的能力；加深对理论知识的理解；能理论联系实际，提高综合运用所学知识分析问题、解决问题的能力；熟悉 FANUC、广数或华中数控车床的控制面板；学会手动对刀；掌握各种测量工具的使用；熟练操作数控车床并保证各项精度加工出合格的零件。注重学生职业岗位能力的培养，将劳动教育、工匠精神、安全规范、创新创造、绿色环保等元素融于实训过程。

二、实训内容

1. 了解数控车床的传动系统及安全限位装置。

2. 分析零件图；制订加工工艺；合理选择刀具；确定切削用量，编写数控加工程序；通过仿真加工，进行模拟操作，调试程序。

3. 会装刀和对刀，并能进行刀具补偿参数设置，正确建立工件坐标系。

4. 会使用 MDI 方式检验工件坐标系正确与否，能灵活地使用手动数据输入命令。

5. 熟练掌握数控车床操作面板各按键和旋钮的作用，会输入、保存程序，能对程序进行编辑修改和轨迹仿真。

6. 操作数控车床并进行适当的调整，利用刀具磨损补偿控制尺寸精度，做好尺寸精度控制过程的记录工作，加工出合格的零件。

三、实训要求

1. 进行安全教育，强调注意事项，学生在实训前签订实训安全保证书，强化安全防护和质量意识，培养学生能吃苦、肯奋斗的职业精神。

2. 培育团队劳动意识和合作精神。将班级同学合理搭配，划分为 4 组，推选成绩优秀、认真责任、组织协调能力强的同学出任组长，每个小组指派专人负责刀具、辅具、量具的领取、清点保管和归还；以小组为单位分工合作，遇到问题全员参与研究讨论，发挥团队优势完成实训任务。

3. 遵守职业道德准则和行为规范。学生身着工作服进入实训车间，每天下班前清扫切屑、擦拭设备并根据需要注油保养，爱护设备和工具，文明生产，按照5S管理模式把职业素养的养成教育融入实训的整个过程中。

4. 培养学生分析和解决实际问题的能力。及时总结每天的实训工作，实训结束一周内完成实训报告。

四、实训任务

第一周

1. 熟悉数控车床的结构和操作面板，学会回零、装刀和装夹零件等基本操作。

2. 每个同学轮流完成1号外圆车刀和2号切槽刀的对刀；要求对刀操作的同学试切外圆时控制加工余量，在上一位同学所车轴径的基础上，切除0.5mm（直径值）；记录个人对刀所得的偏置值，见表A-1，并对同组同学的偏置值进行分析，继而理解对刀建立工件坐标系及刀具偏置值的意义。

表 A-1　对刀偏置值记录表

姓　名	屏幕显示车外圆的 X 坐标值	试切直径尺寸	刀补表序号	X 向偏置值	Z 向偏置值
（上一位）					
（本　人）					

3. 掌握程序的编辑修改操作，能够利用图形轨迹显示功能，模拟、调试程序。

4. 对零件进行工艺分析，制订工艺规程，充分运用刀具磨损补偿功能控制尺寸精度，学会使用千分尺测量尺寸，编制程序加工以下零件。

任务一　利用内、外圆粗车复合循环 G71 指令车削图 A-1 所示的阶梯轴。重点练习车削外轮廓如何将三段轴径的尺寸公差控制在 0.02mm 范围内，以及退刀槽和螺纹的加工。尺寸精度控制过程数据记录表见表 A-2。

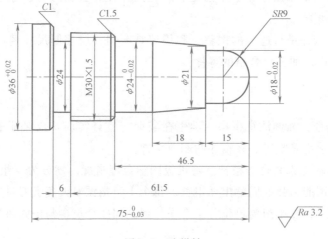

图 A-1　阶梯轴

表 A-2　尺寸精度控制过程记录表（以图 A-1 阶梯轴零件为例）　　（单位：mm）

班级＿＿＿＿＿＿　星期＿＿＿＿＿＿　第＿＿＿＿组　加工零件：阶梯轴（图 A-1）

尺寸	目标值	补偿次数	补偿量	刀偏值	理想值	测量值	切削余量	备注
$24_{-0.02}^{0}$	23.99							
$36_{0}^{+0.02}$	36.01							
$18_{-0.02}^{0}$	17.99							

任务二　图 A-1 所示阶梯轴加工完毕不要切断，由大变小加工图 A-2 所示螺纹轴并切断。

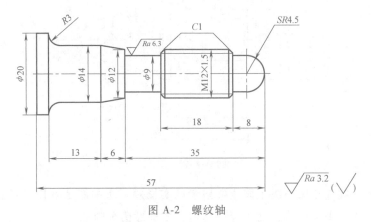

图 A-2　螺纹轴

任务三　选自数控车床中级工职业资格考试实操题，车削图 A-3 所示的阶梯轴。重点练习①用工艺尺寸链求 $R10$ 圆弧的起点坐标；②轴向尺寸精度的控制；③用切槽刀的右刀尖

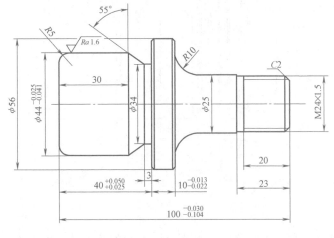

技术要求
未注倒角为 C1。

图 A-3　阶梯轴

车削 55°角的圆锥面。

第二周

深化专业技能的培养，培育精益求精的工匠精神，综合运用所学的知识，制订合理的工艺规程，以实战的标准，控制零件中各个尺寸的精度，重点练习零件的调头加工、梯形槽车削、内孔车削、内孔退刀槽车削、内螺纹加工及子程序的应用，在保证质量的前提下提高效率，独立完成中等复杂零件的加工。

任务四　选自数控技能大赛实操题并经过教学优化，车削图 A-4 所示的椭球轴。重点练习①R11 圆弧切点坐标计算；②底孔的钻削；③内孔加工；④均布槽编程与切削；⑤宏程序。

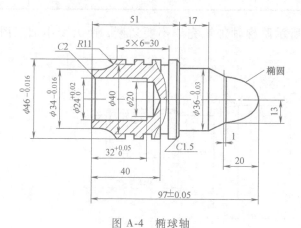

图 A-4　椭球轴

任务五　选自数控车床中级工职业资格考试实操题，车削图 A-5 所示的梯形槽阶梯轴。重点练习①梯形槽点坐标计算；②子程序编程；③梯形槽车削加工。

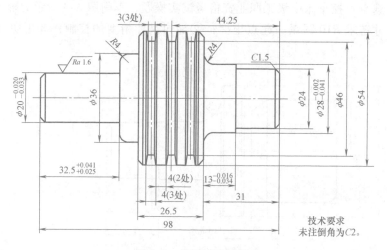

图 A-5　梯形槽阶梯轴

任务六　1+X 考证实操样题，车削图 A-6 和图 A-7 所示的传动轴。重点练习①各项精度的控制；②内退刀槽和内螺纹加工。

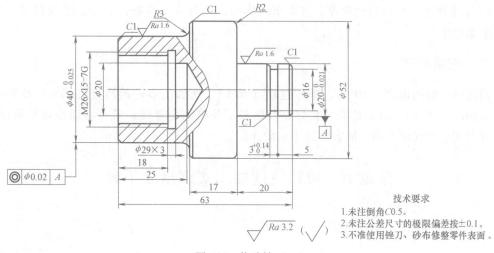

图 A-6　传动轴（一）

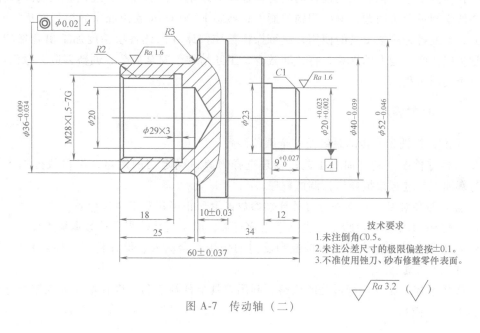

图 A-7　传动轴（二）

五、实训设备和设施

AutoCAD/CAXA 电子图板绘图软件，宇龙数控仿真软件，FANUC 数控车床、广数数控车床或华中数控车床及外圆车刀、切槽刀、螺纹刀、钻头，游标卡尺、千分尺、内径千分尺、环规、塞规等刀具、辅具、量具。

六、注意事项

1. 了解本专业职业岗位相关的国家法律和行业规定，自觉遵守实训车间和实验室的规章制度。

2. 掌握安全防护相关知识和技能，车间内严禁打闹，时刻注意安全。

3. 培育严谨扎实的工作作风，必须经过指导教师检验把关，获得许可后，方能运行程序。

4. 注重规范意识和职业素养,进入车间实训,须身着工作服,女生必须戴帽子,不允许戴手套操作。

七、成绩评定

根据学生的到课率(10%)、操作过程(30%)、所加工零件的质量(40%)及实训报告完成情况(20%),分为优秀、良好、及格和不及格四个等级,采用实训指导教师评价、个人评价和小组互评相结合的方法给予成绩评定。

附录 B   数控铣削加工实训指导手册

一、实训目的

强化学生工艺分析和工艺设计的能力;加深对理论知识的理解;理论联系实际,提高综合运用所学知识分析问题、解决问题的能力;熟悉 FANUC 0i 数控铣床的控制面板,学会手动对刀,掌握各种测量工具的使用,熟练操作数控铣床并保证各项精度加工出合格的零件。注重学生职业岗位能力的培养,将劳动教育、工匠精神、安全规范、创新创造、绿色环保等元素融于实训过程。

二、实训内容

1. 了解数控铣床的传动系统及安全限位装置。

2. 分析零件图;制订加工工艺;合理选择刀具;确定切削用量,编写数控加工程序;通过仿真加工,进行模拟操作,调试程序。

3. 会装刀和对刀,并能进行刀具补偿参数设置,正确建立工件坐标系。

4. 会使用 MDI 方式检验工件坐标系正确与否,能灵活地使用手动数据输入命令。

5. 熟练掌握铣床操作面板各按键和旋钮的作用,会输入、保存程序,能对程序进行编辑修改和轨迹仿真。

6. 操作数控铣床并进行适当的调整,利用刀具半径补偿和长度补偿功能控制尺寸精度,加工出合格的零件。

三、实训要求

1. 进行安全教育,强调注意事项,学生在实训前签订实训安全保证书,强化安全防护和质量意识,培养学生能吃苦、肯奋斗的职业精神。

2. 培育团队劳动意识和合作精神。将班级同学合理搭配,划分为 4 组,推选成绩优秀、认真负责、组织协调能力强的同学出任组长,每个小组指派专人负责刀具、辅具、量具的领取、清点保管和归还;以小组为单位分工合作,遇到问题全员参与研究讨论,发挥团队优势完成实训任务。

3. 遵守职业道德准则和行为规范。学生身着工作服进入实训车间,每天下班前清扫切屑、擦拭设备并根据需要注油保养,爱护设备和工具,文明生产,按照 5S 管理模式把职业素养的养成教育融入实训的整个过程中。

4. 培养学生分析和解决实际问题的能力。及时总结每天的实训工作,实训结束一周内完成实训报告。

四、实训任务

第一周

熟练掌握数控铣床操作面板各按键和旋钮的作用,学会操作数控铣床,学生轮流完成对刀、程序输入及编辑修改等基本操作。加工零件的重点是运用刀具半径补偿功能控制尺寸精度,使用一把刀具铣削内、外轮廓。

实训任务安排见表 B-1。

表 B-1　第一周实训任务安排表

序号	实训内容	实训组织形式	学时
1	数控铣床的安全操作规程 数控铣床的组成及结构 数控铣床日常维护与保养	教师讲解示范 学生分组操作	1
2	认识数控铣床常用刀具及结构,学会拆卸和组装铣刀		
3	熟悉数控铣床操作面板各按键和旋钮的作用,掌握回零操作、手动操作、对刀操作、工件坐标系设定及检验工件坐标系正确与否的方法	教师讲解示范并巡回指导 学生分组操作	6
4	程序的输入、编辑修改与轨迹校验	教师讲解示范 学生分组操作	1
5	使用刀具半径补偿功能控制尺寸精度,完成零件的粗、精加工记录并分析尺寸控制过程,加深对刀具半径补偿应用的理解,使配合件顺利装配	学生分组加工 教师巡回指导	18
6	实训总结	分组进行自评互评,教师总结	2
	合计		28

任务一　选用合适的立铣刀,编制程序,合理设置补偿半径控制内外轮廓的尺寸精度,加工图 B-1 所示的零件,工件材料为铝板。

以图 B-1 所示六边形零件为例,尺寸精度控制过程记录见表 B-2。

表 B-2　尺寸精度控制过程记录表　　　　　　　　　　(单位：mm)

班级_____　星期_____　第_____组　加工零件：六边形零件（图 B-1）

尺寸	目标值	第一次（粗加工）		第二次（半精加工）		第三次（精加工）		备注
		半径补偿值	测量值	半径补偿值	测量值	半径补偿值	测量值	
60 ± 0.037	60							
$30^{+0.052}_{0}$	30.026							

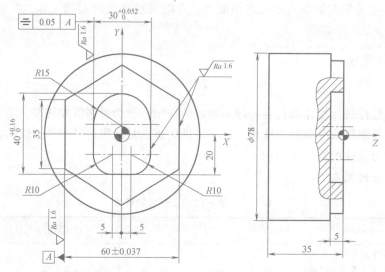

图 B-1 六边形零件

任务二 加工图 B-2 所示的凹凸配合零件，已知毛坯材料为铝板，分析零件的加工工艺，编写程序并利用刀具半径补偿功能控制尺寸精度。要求两组同学加工的零件能装配在一起。

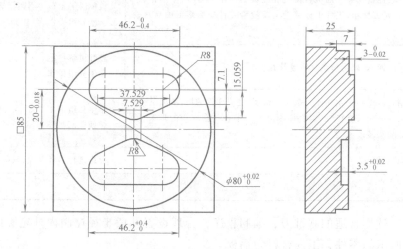

图 B-2 凹凸配合零件

任务三 在图 B-2 所示零件凸出部分形状编程的基础上，试修改程序采用同一程序段、同一尺寸刀具加工图 B-3 所示的同一公称尺寸的凹、凸型面，以加深理解刀具半径补偿的第三个应用。

任务四 选自数控铣床中级工职业资格考试仿真题，铣削图 B-4 所示的等距线薄壁件。重点练习①等距线内外轮廓加工；②薄壁加工。

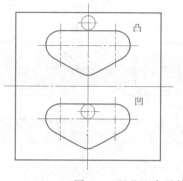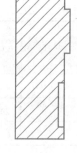

图 B-3 凹凸配合零件

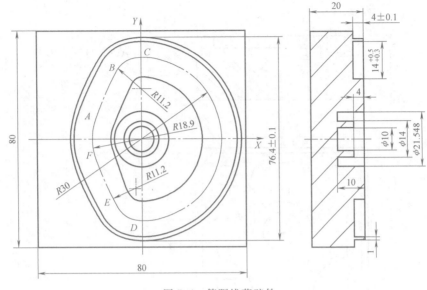

图 B-4　等距线薄壁件

第二周

深化专业技能的培养，培育精益求精的工匠精神，综合运用所学的知识，从铣削毛坯入手，以实战的标准控制各个尺寸精度，在保证质量的前提下提高效率，完成中等复杂零件的加工。第二轮实训侧重于使用多把刀具对同一个零件进行加工，刀具长度补偿的设置、简化编程指令、子程序以及孔加工循环指令的综合应用。

实训任务安排见表 B-3。

表 B-3　第二周实训安排表

序号	实训内容	实训组织形式	学时
1	下料，备刀，铣毛坯	每组学生分工协作，加工各个零件 教师巡回指导	26
2	孔加工循环指令钻孔、子程序分层切削、极坐标、简化编程指令 G68 的应用		
3	多把刀具加工同一个零件，刀具长度补偿的设置		
4	正确使用刀具补偿功能，加工合格的零件		
5	实训总结	分组评价，进行自评互评 教师总结	2
合计			28

任务五　铣削图 B-5 所示的对称件，毛坯为 80mm×80mm×30mm 的铝材，要求从铣毛坯的六个平面开始，制订加工工艺，设定刀具参数，编写加工程序并加工工件。重点练习①刀具长度补偿的应用；②钻孔、扩孔及内外轮廓铣削；③倒角简化编程。

任务六　选自数控铣床中级工职业资格考试仿真题，铣削图 B-6 所示的薄壁件。重点练习①等距线内外轮廓铣削，控制薄壁厚度尺寸；②利用旋转指令配合子程序编程加工键槽。

任务七　选自数控技能大赛实操题，铣削图 B-7 所示的十字凸台零件。编程要求：①按

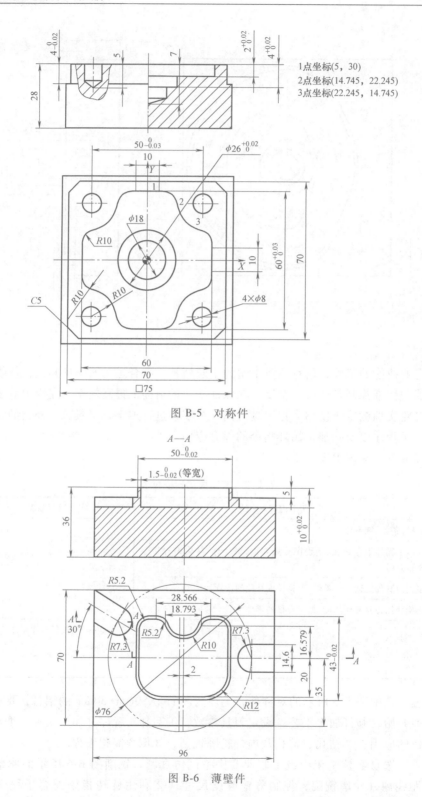

1点坐标(5, 30)
2点坐标(14.745, 22.245)
3点坐标(22.245, 14.745)

图 B-5 对称件

图 B-6 薄壁件

照中心轨迹编程从开荒起确定刀具的进给路线;②利用旋转指令将1/4轮廓加工编成子程序;③零件的深度分4次切削,采用子程序二级嵌套,加大编程难度。

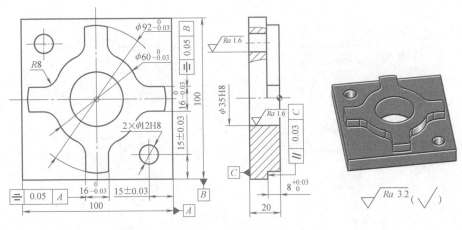

图 B-7　十字凸台零件

任务八　选自数控铣床中级工职业资格考证实操题，铣削图 B-8 所示的两面加工零件。重点练习①对该两面加工零件的正确装夹；②G52 局部坐标系的应用；③螺旋铣孔；④百分表找正对刀；⑤极坐标铣削正五边形。

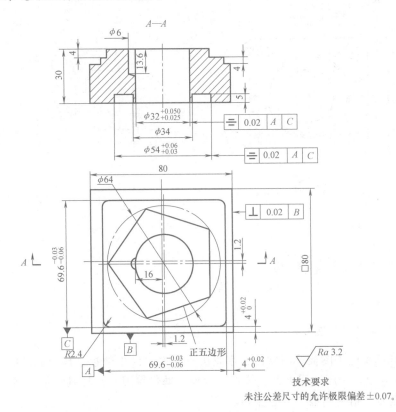

技术要求
未注公差尺寸的允许极限偏差±0.07。

图 B-8　两面加工零件

任务九　1+X 考证样题，铣削图 B-9 和图 B-10 所示的零件。重点练习①制订正确的加工工艺；②选择合理的切削用量；③螺旋铣孔；④百分表找正对刀。

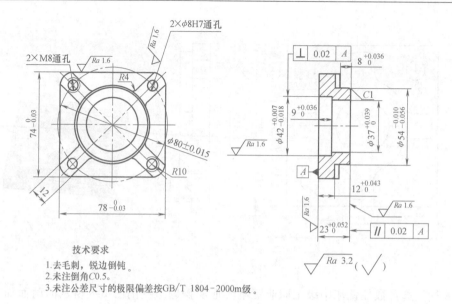

图 B-9　轴承座

技术要求

1. 去毛刺，锐边倒钝。
2. 未注倒角C0.5。
3. 未注公差尺寸的极限偏差按GB/T 1804-2000m级。

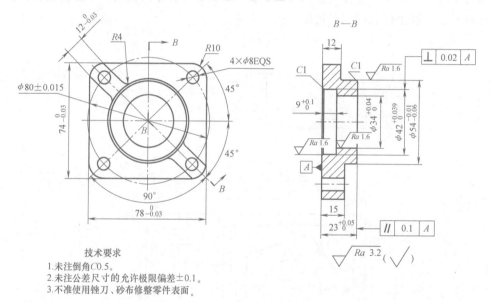

技术要求

1. 未注倒角C0.5。
2. 未注公差尺寸的允许极限偏差±0.1。
3. 不准使用锉刀、砂布修整零件表面。

图 B-10　1+X 铣中级样题

五、实训设备和设施

AutoCAD/CAXA 电子图板绘图软件，宇龙仿真软件，汉中数控铣床（FANUC 0i 数控系统）XK714D 共6台，铣床通用夹具、垫铁、卡尺、塞尺等刀具、辅具、量具各6套，各种规格立铣刀、盘刀、钻头和铝合金毛坯等。

六、注意事项

1. 了解本专业职业岗位相关的国家法律和行业规定，自觉遵守实训车间和实验室的规章制度。

2. 掌握安全防护相关知识和技能，车间内严禁打闹，时刻注意安全。

3. 培育严谨扎实的工作作风，必须经过指导教师检验把关，获得许可后，方能运行程序。

4. 注重规范意识和职业素养，进入车间实训，须身着工作服，女生必须戴帽子，不允许戴手套操作。

七、成绩评定

根据学生的到课率（10%）、操作过程（30%）、所加工零件的质量（40%）及实训报告完成情况（20%），分为优秀、良好、及格和不及格四个等级，采用实训指导教师评价、个人评价和小组互评相结合的方法给予成绩评定。

附录 C 撰写实训报告指导

一、概述

实训报告是对一周实训的技术总结，是学术论文的雏形，通过实训报告的撰写训练，可以为同学们将来从事技术岗位的专业论文的撰写打下坚实的基础。

二、实训报告的内容

1. 实训的目的、任务（内容）、时间、地点等基本情况介绍。

2. 对刀操作的过程总结，对刀实质的分析。

3. 零件的工艺分析，包括零件图样分析，尺寸精度、几何精度的分析，毛坯及刀具、辅具、量具的选取，工件的装夹方案、工艺路线的确定，切削用量的选择及程序编写等。

4. 实训中遇到的问题、对问题的分析及解决方案总结；重点记录利用刀具补偿功能控制尺寸精度的过程及数据分析。

5. 结语——体会、建议、致谢。

三、注意事项

1. 对报告中所涉及的内容应合理取舍，做到重点突出、详略得当。

2. 要善于利用图、表，并精心设计图表格式。

3. 绘制零件图要规范、规整，显示个人最高制图水平。

4. 杜绝错别字。

参 考 文 献

[1] 陈天祥. 数控加工技术及编程实训 [M]. 北京：清华大学出版社，2005.

[2] 世纪星车床数控系统编程说明书 [Z]. 武汉：华中数控股份有限公司，2003.

[3] 世纪星车削数控操作说明书 [Z]. 武汉：华中数控股份有限公司，2003.

[4] 世纪星铣床数控系统编程说明书 [Z]. 武汉：华中数控股份有限公司，2004.

[5] 世纪星铣削数控操作说明书 [Z]. 武汉：华中数控股份有限公司，2004.

[6] 数控加工仿真系统操作手册 [Z]. 上海：上海宇龙软件工程有限公司，2004.

[7] 王荣兴. 加工中心培训教程 [M]. 北京：机械工业出版社，2006.

[8] 沈建峰，朱勤惠. 数控加工生产实例 [M]. 北京：化学工业出版社，2009.

[9] 高枫，肖卫宁. 数控车床编程与操作训练 [M]. 北京：高等教育出版社，2005.

[10] 陈洪涛. 数控加工工艺与编程 [M]. 北京：高等教育出版社，2009.

[11] 张超英，罗学科. 数控机床加工工艺编程及操作实训 [M]. 北京：高等教育出版社，2003.

[12] 晏初宏. 数控加工工艺与编程 [M]. 北京：化学工业出版社，2009.

[13] 邓奕. 数控加工技术实践 [M]. 北京：机械工业出版社，2004.

[14] 韩鸿鸾. 数控铣工/加工中心操作工（中级） [M]. 北京：机械工业出版社，2007.